SMITH **Stuka**

PETER C. SMITH

Stuka

Die Geschichte der Junkers Ju 87

Technik · Taktik · Einsätze

MOTORBUCH VERLAG STUTTGART

Umschlagzeichnung: Carlo Demand
Einband und Umschlagkonzeption: Siegfried Horn

Die Umschlagzeichnung von Carlo Demand zeigt jenes Bild, an das man unwillkürlich bei dem Stichwort ›Stuka‹ denkt: die wie ein Raubvogel stürzende Ju 87! Mit diesem Sturzwinkel bekam die im Horizontalflug etwas unbeholfen wirkende Maschine (sie war ja nicht gerade eine Schönheit) plötzlich auch optisch jenen Grad von Gefährlichkeit, der beim Gegner den Schreckensruf »Stuka!« auslöste.

Die Zeichnung stellt eine Ju 87 B-1 mit ausgefahrenen Sturzflugbremsen dar. Die psychologische Wirkung des Sturzangriffs mit heulenden Motoren wurde oft noch durch Sirenen unterstützt, die an den Fahrwerksbeinen dicht unter dem Flügelknick angebaut waren und sich den Namen ›Jericho-Trompeten‹ erwarben. Es waren jedoch nicht alle Maschinen damit ausgestattet; später kam man wieder davon ab.

Die englische Ausgabe ist erschienen bei Ian Allen Ltd., Shepperton/Middlesex unter dem Titel: »The Stuka at War«
Die Übertragung ins Deutsche besorgte
Hans Jürgen Baron von Koskull

ISBN 3-87943-291-0
8. Auflage 1989

Satz und Druck: Isar-Post, 8300 Landshut
Bindung: Verlagsbuchbinderei Karl Dieringer, 7016 Gerlingen
Printed in Germany

Inhalt

Vorwort

Ich begrüße es, daß dieses Buch nun auch in deutscher Sprache erscheint. Besonders anzuerkennen sind die Bemühungen des Verfassers, vorurteilsfrei über die Erfolge und Einsätze der deutschen Stuka-Waffe an allen Fronten des Zweiten Weltkrieges zu berichten. Unzählige deutsche Soldaten und Flüchtlingstrecks aus Ostdeutschland verdanken Stuka-Einsätzen Leben und Freiheit.
Die Verluste, die die deutschen Sturzkampfflieger-Einheiten bei ihren weiträumigen Einsätzen erlitten haben, waren besonders hoch. Trotzdem blieben die Einsatzbereitschaft und Haltung der Stuka-Flieger bis zum letzten Feindflug ungebrochen. Bei jedem Einsatz fühlten wir Stuka-Flieger uns den Bodentruppen, die die Hauptlast des Kampfes zu tragen hatten, besonders verbunden. Den Namen ›Infanteristen der Luft‹, den uns die ›Landser‹ gegeben hatten, betrachteten wir als ehrenvolle Anerkennung dafür, daß wir unseren Kameraden auf der Erde durch unsere Einsätze oft geholfen oder sie aus verzweifelten Lagen befreit hatten.
Die in der Luftkriegsgeschichte einmaligen Erfolge der Flugzeugführer und Bordschützen der Stuka-Waffe, die sie unter härtesten Bedingungen auf allen Kriegsschauplätzen Europas und Nordafrikas errungen haben — und das oft trotz Unterlegenheit an Zahl und an Güte der Maschinen —, werden auch von den früheren Gegnern anerkannt. Schon während des Krieges wurde das Wort ›Stuka‹ in der Welt zu einem Begriff für Tapferkeit und Einsatzgeist. In keiner anderen Luftwaffe und bei keinem deutschen Fliegerverband erreichten die einzelnen Flugzeugbesatzungen und die Geschwader auch nur annähernd so viele Feindflüge wie die Stuka-Flieger.
Nicht zu vergessen ist dabei, daß diese Einsätze ohne die bewährte Arbeit des technischen Bodenpersonals nicht möglich gewesen wären. Der englische Verfasser dieses Buches über die Stuka hat durch seine sachliche historische Darstellung dazu beigetragen, dem Leser objek-

tive Eindrücke von den Geschehnissen im Zweiten Weltkrieg zu vermitteln.

Möge dieses Buch einen großen Leserkreis finden, vor allem unter der Jugend.

Hans-Ulrich Rudel

Einleitung

Dies ist die Geschichte eines der berühmtesten Flugzeuge des Zweiten Weltkriegs, des Sturzkampfbombers Ju 87 von Junkers. Sie behandelt unter anderem auch die Rolle, die diese Maschine mit dem typischen Knickflügel bei jener Herausforderung gespielt hat, als die deutsche Luftwaffe den Engländern die Beherrschung der Küstengewässer streitig machen wollte. Kein Flugzeug ist in den ersten Monaten des Krieges beim Gegner so gefürchtet und geachtet worden wie der Stuka.* Aus diesem Grunde und wegen der zahlreichen Erfolge, die der Stuka im Erdkampf und im Kampf um die Seeherrschaft errungen hat, glaube ich, daß es lohnend ist, seine Geschichte aufzuzeichnen. Viele Leute haben mir gesagt, die Ju 87 sei in Großbritannien als Fehlkonstruktion beurteilt worden. Es steht aber fest, daß gerade diese Maschine mit dem Knickflügel mehr als jede andere Waffe im deutschen Arsenal zu den spektakulären deutschen Siegen im Zweiten Weltkrieg beigetragen hat.

Dieses Buch beschäftigt sich ebenso mit der Verwendung des Stuka im Seekrieg wie mit seinem Einsatz im Landkrieg. Es ist eine Ironie des Schicksals, daß zu Beginn des Krieges ausgerechnet England, und zwar die Royal Navy, den Deutschen gezeigt hat, wie gut sich der Sturzbomber dafür eignet, gegen Kriegsschiffe eingesetzt zu werden. Bei der Versenkung des deutschen leichten Kreuzers ›Königsberg‹ vor Bergen am 10. April 1940 durch 15 Skua-Sturzbomber der britischen Marineluftstreitkräfte erwies sich die Überlegenheit dieser Methode des Luftangriffs gegenüber den Horizontal-Bombenangriffen aus größerer Höhe, die bis dahin keine Erfolge gebracht hatten, denn dabei hatten sowohl die Wellington als auch die Heinkel He 111 versagt.

---

* Stuka ist die Abkürzung des Wortes Sturzkampfbomber. Dieser Ausdruck bezeichnet alle Sturzkampfflugzeuge, aber während des ganzen Krieges und bis heute versteht man darunter die Ju 87.

Die Briten müssen gegenüber diesem Erfolg augenscheinlich blind gewesen sein, denn bald darauf wurden die mit Skua-Maschinen ausgerüsteten Verbände aufgelöst. Aber die Deutschen, die über die stärksten Sturzbomberverbände der Welt verfügten, lernten etwas daraus. In den folgenden Jahren glich der Stuka den Verlust der ›Königsberg‹ um ein Vielfaches aus.
Dieses Buch erhebt nicht den Anspruch, eine vollständige und endgültige Geschichte des Stuka zu sein. Wir hoffen aber, daß dieser Bericht und die darin enthaltenen Photographien allen begeisterten Anhängern der Fliegerei zusagen werden.
Ich möchte an dieser Stelle Alfred Price, Franz Selinger, Gary Owens, Christyl Styles, Willie Radinger, ›Archie‹ Rowlands und Hanfried Schliephake dafür danken, daß sie mich mit Rat und Tat unterstützt haben. Ebenso danke ich der Photo- und Filmabteilung des Imperial War Museum und dem Verlag Ullstein in Berlin für ihre so wertvolle Unterstützung. Mein besonderer Dank gilt natürlich Hans-Ulrich Rudel und vielen anderen in Deutschland und Großbritannien.

London, August 1970 Peter C. Smith

ERSTES KAPITEL

Frühe Entwicklungen

In den ersten Jahren des Zweiten Weltkriegs erwarb sich das Junkers-Sturzkampfflugzeug Ju 87 einen fast legendären Ruhm. Der Stuka mit seiner fast bösartig wirkenden äußeren Form, den wie Mövenflügel wirkenden Tragflächen, dem unheimlichen Aufheulen im Sturzflug und vor allem seiner tödlichen Treffsicherheit beim Angriff gegen Punktziele — wie Geschützstellungen, Brücken, Munitionslager und Kraftwerke — wurde zur gefürchtetsten Waffe aus den Arsenalen der an diesem Kriege beteiligten Luftstreitkräfte. Doch seltsamerweise ist der Generalstab der deutschen Luftwaffe vor dem Kriege trotz der ersten Erfolge des Sturzbombers im Hinblick auf seinen Wert geteilter Meinung gewesen, und erst als die Maschine sich in den Blitzfeldzügen gegen Polen und Frankreich bewährt hatte, begann der deutsche Propagandaapparat von ihr als einer Superwaffe zu sprechen.

Man hatte schon im Ersten Weltkrieg mit wechselndem Erfolg versucht, Bombenangriffe aus dem Sturzflug zu führen. Weitere Versuche mit besonders dafür ausgerüsteten Doppeldeckern in den zwanziger Jahren hatten gezeigt, daß der Prozentsatz der Treffer bei Einzelzielen sich bei Verwendung dieser Technik gegenüber der normalen Methode des Bombenabwurfs aus dem Horizontalflug wesentlich erhöhte. Man muß bedenken, daß die Bombenzielgeräte damals sehr primitiv waren und es auch noch bis in die vierziger Jahre hinein blieben.

Die Deutschen hatten mit der legitimen Vorgängerin der Ju 87, der Junkers K 47, schon früh mit Versuchen begonnen. Karl Plauth, ehemals Führer der Jasta 51, der im Ersten Weltkrieg siebzehn Feindflugzeuge abgeschossen hatte, war der geistige Vater dieser Maschine. Er hatte sie zunächst als zweisitzigen Jäger bauen wollen. Nach den Bestimmungen des Versailler Vertrages war Deutschland die Herstellung aller Militärflugzeuge verboten. Als jedoch die K 47 im

Jahre 1927 herauskam, war sie zunächst ein ziviles Sportflugzeug mit der Bezeichnung Junkers A 48. Das Verbot wurde ohne besondere Schwierigkeiten umgangen, denn unter der befähigten Führung des tüchtigen Generals von Seeckt hatte man schon 1920 in der Weimarer Republik damit begonnen, den Kern einer künftigen Luftwaffe zu bilden; ausgesuchte Offiziere wurden zum Truppenamt im Reichswehrministerium abgestellt, wo sie die Ausbildung einer Reserve von Piloten organisierten.

Außerdem ermöglichte ein Geheimabkommen mit der Sowjetunion die Errichtung eines Ausbildungs- und Versuchszentrums für Piloten und Maschinen in Lipezk. Durch diese Schule gingen viele Besatzungen der künftigen Luftwaffe und ihre Führer.

Plauth hatte daher keine Schwierigkeiten, seine Maschine erproben zu lassen. Nach sorgfältigen Tests baute das schwedische Junkers-Werk in Limnham drei militärische Variationen der A 48. Plauth selbst kam bei einem Flugunfall ums Leben, bevor sich die von ihm entworfene Maschine bewährt hatte. Aber die Entwicklung der A 48 ging in Lipezk weiter, wo sich das Flugzeug als sehr robust und stabil genug für Bombenangriffe erwies.

Bei einem Versuch wurden die Bomben an den Strebenböcken der Radabstützungen angebracht. Mit dieser Umrüstung ließ sich das Flugzeug bei Bombenangriffen im Sturzflug gut beherrschen. Die Junkersniederlassung in Schweden sah sich ermutigt, die Entwicklung dieses Typs auf privater Basis weiterzuführen. Man bildete eine Gruppe von Entwicklungsingenieuren unter Hermann Pohlmann. 1934—1935 wurden die ersten Prototypen gebaut.

Inzwischen war jedoch die NSDAP unter Adolf Hitler an die Macht gekommen. Göring ernannte Wolfgang von Richthofen zum neuen Leiter der Entwicklungsabteilung des Technischen Amtes im Luftfahrtministerium. Richthofen war ein entschiedener Gegner des Angriffs aus dem Sturzflug, denn er glaubte, angesichts des starken Flakfeuers sei jeder Sturzflug unterhalb 3000 Meter ein selbstmörderisches Unternehmen, und langsame, tief fliegende Flugzeuge dieses Typs würden im Kriege abgeschossen werden. Er befahl deshalb, die Weiterentwicklung solcher Flugzeuge einzustellen.

In den Vereinigten Staaten hatte die Marine jedoch die Entwicklung der Sturzflugtaktik weitergetrieben und dabei für ihre auf Flugzeugträgern stationierten ›Helldivers‹ die Curtiss-Doppeldecker vom Typ ›Hawk‹ verwendet. Mit diesen Maschinen wurden im ganzen Lande Schauflüge veranstaltet. Hier vollzog sich die schicksalhafte Wendung: Ernst Udet, der sich gerade auf einer Reise durch die Vereinigten Staaten befand und später zum Schöpfer der Stuka-Verbände wurde, ließ sich durch diese Vorführungen beeindrucken und war schon 1931 von der Wirksamkeit dieser Taktik überzeugt.

Als Göring zwei Jahre später in seiner Eigenschaft als Reichskommissar für Luftfahrt ehemalige Kriegsflieger aus dem Ersten Weltkrieg für die neue Luftwaffe rekrutierte, nahm er auch mit Udet Kontakt auf. Es war nicht weiter verwunderlich, daß die Wahl auf Udet fiel, der einer der bewährtesten deutschen Kriegsflieger gewesen war. Aber in seiner unbekümmerten Art schreckte er zunächst vor dem Gedanken zurück, seine Unabhängigkeit als selbständiger Kunstflieger aufzugeben. Aber Göring wußte, wie sehr die ›Hawk‹ ihn fasziniert hatte, und ließ durch sein Ministerium zwei Maschinen kaufen, die auf der Versuchsstation in Tempelhof erprobt werden sollten.

Die Ergebnisse der Versuche befriedigten die Zuschauer, unter denen sich auch Milch und Kesselring befanden, nicht. Aber Udet ließ sich nicht entmutigen und testete die Maschinen selbst weiter. Das überzeugte ihn noch mehr davon, daß die Luftwaffe ein solches Bombenflugzeug brauchte. Um seine Idee nicht aufgeben zu müssen, willigte er schließlich ein, in die Luftwaffe einzutreten. Im Januar 1936 wurde er zum Inspekteur der Jagdflieger ernannt. Aber immer noch war er von der Idee des Sturzkampfflugzeuges fasziniert und ermutigte inoffiziell die Firmen, die sich mit solchen Projekten beschäftigten, dazu, die Forschung in dieser Richtung weiterzutreiben, und zwar im klaren Widerspruch gegen die von Richthofen vertretene offizielle Linie.

Die Junkers-Entwicklungsingenieure unter Pohlmann hatten gerade das getan. Ende 1935 war die Ju 87 V-1 fertiggestellt und erprobt worden. Diese Maschine besaß eigenartig nach unten geknickte Tragflächen und das doppelte Leitwerk ihrer Vorgängerin, der K 47. Sie war mit einem wassergekühlten Rolls-Royce Kestrel V Zwölfzylindermotor ausgerüstet, der eine Zweiblatt-Holzluftschraube antrieb. Das starre Fahrgestell mit einer hosenartigen Verkleidung entsprach dem, was damals bei den Sportflugzeugen üblich war.

Die Bomben wurden frei unter den Tragflächen und dem Rumpf aufgehängt. Die Bewaffnung bestand aus einem nach rückwärts feuernden, beweglichen Maschinengewehr MG 15 und zwei nach vorn feuernden MG 17, die im Flügelknick angebracht waren. Nachdem die Versuche abgeschlossen waren, ersetzte man den Kestrel-Motor durch einen 610 PS Zwölfzylindermotor Jumo 210 mit Wasserkühlung und einer Dreiblatt-Luftschraube aus Metall. Die Ju 87 V-2 hatte ein einfaches Seitenleitwerk.

Die Ju 87 V-1 wurde in der Forschungsanstalt der Luftwaffe in Rechlin erprobt. Bei Bahnneigungsflügen mit hoher Geschwindigkeit verlor die Maschine im Herbst 1935 das Leitwerk und stürzte ab. Um zu verhindern, daß dies erneut geschah — die Testflüge wurden im Verlauf der Versuche in immer steilerem Winkel durchgeführt —, entwarf Junkers besondere Sturzflugbremsen. Das waren unmittelbar hinter der Tragflächenvorderkante angebrachte und auf 90° nach unten ausschwenkbare geschlitzte Klappen. Mit Hilfe dieser Bremsvorrichtung sollte die Geschwindigkeit der Maschine im Sturzflug nicht über 600 km/h hinausgehen. Das war nach Auffassung des Teams von Pohlmann das Äußerste, was die Maschine aushalten konnte, ohne auseinanderzureißen.

Nachdem die Bremsen erfolgreich erprobt worden waren, wurden sie serienmäßig in die Ju 87 V-3 eingebaut, außerdem war das Leitwerk stabilisiert worden und die Motorhaube hatte eine neue Form erhalten, um dem Piloten ein besseres Blickfeld zu geben.

Die Versuche mit Bombenzielwürfen aus dem Horizontalflug hatten keine befriedigenden Treffergebnisse gebracht. Die Befürworter des Sturzbombers drängten nun das Technische Amt des Reichsluftfahrtministeriums, ihre Vorschläge aufzugreifen. Göring ließ sich besonders durch das Argument beeindrucken, die Treffgenauigkeit dieser Technik werde es einem einzelnen Sturzkampfbomber ermöglichen, ein Punktziel zu vernichten, während nach der alten Taktik eine ganze Staffel eine bestimmte Fläche bombardieren müsse. Da er den Auftrag hatte, nach fünfzehnjähriger Pause die deutsche Luftwaffe zu einem schlagkräftigen Waffenzweig auszubauen, der in die großen strategischen Konzepte Hitlers in Europa paßte, und da sich diese Aufgabe als schwieriger herausstellte als erwartet, gefiel ihm die Idee, weil damit erhebliche Kosten eingespart werden konnten.

Das Reichsluftfahrtministerium ließ in Rechlin Versuche durchführen, um festzustellen, welche der vier in Frage kommenden Maschinen als Standardsturzkampfbomber bei der deutschen Luftwaffe eingeführt werden sollte. Die Firma Junkers, die schon früh mit der Entwicklung begonnen hatte, führte von Beginn an. Neben der Ju 87 V-2 bewarben sich der einmotorige Eindecker Ha 137 und der zweisitzige Doppeldecker Arado Ar 81. Sie schieden aber beide schon zu Beginn der Versuche aus. Der schärfste Konkurrent der Junkersmaschine war die Heinkel He 118, die ebenfalls mit einem Kestrel-Motor ausgestattet war. Das war ein elegantes, formschönes Flugzeug, schneller als die Ju 87 V-2, kam aber dann doch nicht in Betracht. Am Schluß des Vergleichsfliegens waren die Leistungen beider Maschinen etwa gleich, die Ju 87 V-2 schnitt etwas günstiger ab.

Als Udet die He 118 am Schluß noch einmal erprobte, verlor die Maschine ihre Luftschraube und stürzte ab. Das gab den Ausschlag. Entscheidend ist wahrscheinlich gewesen, daß die Junkersmaschine so robust war und sich so gut für die Massenproduktion eignete. Das waren 1936 zwei sehr wichtige Gesichtspunkte.

Der endgültige Prototyp war die Ju 87 V-4 mit einer besonderen Vorrichtung für den Bombenabwurf im Sturzflug. Diese Vorrichtung befand sich unter dem Rumpf und hielt eine 250-Kilo-Bombe in einer Abweisgabel, die die Bombe vom Rumpf weg und am Propellerkreis vorbeiführte, wenn sie abgeworfen wurde. Zur gleichen Zeit brachte Junkers auch die von Askania entwickelte Abfangautomatik heraus. Dieser Mechanismus war erforderlich, weil es oft vorkam, daß der Stukapilot unter dem erheblichen Druck, dem er beim Abfangen aus dem Sturz ausgesetzt war, die Besinnung verlor und das Flugzeug nicht mehr in der Gewalt hatte. Das Gerät wurde von der Testpilotin Melitta Schiller erprobt und zunächst in die ersten zehn Vorserienmaschinen eingebaut. Sie trugen die Bezeichnung Ju 87 A-0.

Richthofen blieb jedoch bei seiner Meinung und befahl, die weitere Entwicklungsarbeit an der Ju 87 einzustellen. Aber am 10. Juni wurde Udet selbst zum Leiter des Technischen Amtes ernannt und konnte hier die Verwirklichung seiner Lieblingsidee durchsetzen. Inzwischen war der spanische Bürgerkrieg ausgebrochen. Auf Ersuchen Francos schickte Hitler eine Anzahl Flugzeuge und Personal der Luftwaffe zu seiner Unterstützung nach Spanien.

Es wurde die Legion Condor aufgestellt und Oberstleutnant von Richthofen im Januar 1937 zu ihrem Chef des Stabes ernannt.
Bei Luftangriffen gegen Madrid und andere Städte in den Jahren 1936/37 erwies sich das der Legion Condor zugeteilte Jagdflugzeug He 51 als zu langsam und den modernsten amerikanischen und russischen Typen, die Anfang 1937 auf der Gegenseite eingesetzt wurden, unterlegen. Es mußte deshalb herausgezogen werden. Im März des gleichen Jahres wurden drei Staffeln dieser Jagdflugzeuge mit Bombenaufhängvorrichtungen ausgestattet, um 10-Kilo-Bomben zum Angriff gegen Erdziele mitnehmen zu können. Es folgten dann mit der Hs 123 ausgerüstete Verbände. Der Erfolg dieser Einheiten, der zum großen Teil Richthofen zu verdanken war, denn er entwickelte diese Taktik zu einer Kunst, brachte die Geburt der Schlachtfliegerverbände. Ende des Jahres trafen die ersten drei Ju 87 auf dem Kriegsschauplatz ein. Es waren Maschinen vom Typ Ju 87 A-1.
Dieses Baumuster war eine Weiterentwicklung der Ju 87 V-4 mit vereinfachter Tragflächenform, die sich besser für die Massenproduktion eignete. Drei Maschinen dieses Typs wurden im Dezember zur Erprobung im kriegerischen Einsatz nach Spanien geschickt. Die Ju 87 A-1 war mit dem 635 PS starken Junkersmotor Jumo 210 Da ausgestattet. Der erste Verband, der mit diesen Maschinen ausgerüstet wurde, war das Sturzkampfgeschwader ›Immelmann‹, das auch bei der Besetzung der Tschechoslowakei eingesetzt wurde. Im September 1938 gab es vier mit Ju 87 ausgerüstete Gruppen. Man betrachtete den Stuka vor allem als eine zur Bekämpfung des rückwärtigen Kampfgebiets einzusetzende Waffe (Nahkampfkorps). Daß er jetzt in größeren Stückzahlen zur Truppe kam, bedeutete eine Niederlage für alle, die das Flugzeug zur direkten Erdkampfunterstützung verwenden wollten.
Die Leistungen der Ju 87 A-1 waren schwach. Die Höchstgeschwindigkeit der unbeladenen Maschine betrug in 4000 Meter Höhe 320 km/h, die größte Reichweite war 1000 Kilometer. Die normale Bombenlast bestand aus einer einzigen 250-Kilo-Bombe, aber das Flugzeug konnte auch eine 500-Kilo-Bombe mitnehmen, wenn dafür das zweite Besatzungsmitglied dablieb. Die ersten Versuche über spanischem Gebiet zeigten, daß die A-1 einen zu schwachen Motor hatte. Pohlmann und sein Team entwickelten daraufhin die Ju 87 B-0

mit dem Motor Jumo 211 D von 1210 PS und einer neuen Plexiglas-Haube über den Sitzen. Dadurch wurde die Höchstgeschwindigkeit in 5000 Meter Höhe auf 380 km/h erhöht. Die Maschine konnte jetzt entweder eine 500-Kilo-Bombe oder eine 250-Kilo-Bombe und vier 50-Kilo-Bomben bei voller Besetzung mitnehmen. Die Reichweite erhöhte sich bei voller Beladung auf 600 Kilometer.

Auch die Bewaffnung wurde verbessert. Man behielt das Heckmaschinengewehr bei, installierte aber zwei MG 17 in den Tragflächen. Die Landegeschwindigkeit betrug 110 km/h. In 120 Sekunden erreichte die Maschine eine Höhe von etwa 1000 m. Die hosenartige Verkleidung des Fahrwerks wurde durch eine stromlinienförmige ersetzt. Das Gesamtgewicht der beladenen Maschine betrug 4250 Kilogramm, das Gewicht der unbeladenen Maschine 2760 Kilogramm. Ihre Maße waren: Spannweite 13,8 m, Länge 11,1 m, Höhe 4,24 m. Im September 1939 waren alle Stukaeinheiten der Luftwaffe mit der Ju 87 B ausgerüstet.

Zunächst hatte man nur drei Ju 87 A-1 nach Spanien geschickt, aber die Besatzungen wurden ständig ausgetauscht, damit möglichst viele Piloten Erfahrungen im kriegsmäßigen Einsatz sammeln konnten. Wegen des etwas plumpen Aussehens der Ju 87 erhielt die erste Stukagruppe der Legion Condor den Spitznamen ›Jolanthe‹ nach dem Schwein in der damals beliebten Komödie ›Krach um Jolanthe‹. Das an der linken Radverkleidung angebrachte Kennzeichen war dieses Schwein.

Die Stuka wurden im spanischen Bürgerkrieg auf fast allen Kriegsschauplätzen eingesetzt, und zwar zuerst in Teruel und dann an der Ebrofront und in Katalonien. Das neue Jagdflugzeug Messerschmitt Bf 109 erwies sich als allen von den Republikanern eingesetzten russischen Flugzeugen überlegen. Deshalb brauchten sich die Stukapiloten keine Sorgen um feindliche Jäger zu machen, sondern mußten nur mit der damals noch verhältnismäßig primitiven feindlichen Flak rechnen.

Die Sturzkampfbomber hatten, wenn sie gegen Erdtruppen eingesetzt wurden, eine erhebliche moralische Wirkung. Um sie zu erhöhen, ließ Udet am Fahrgestell eine Sirene anbringen. Diese simple Vorrichtung erwies sich als unverhältnismäßig wirksam, und das nicht nur in Spanien. Wenn die Maschinen später mit aufheulenden Motoren

und Sirenen auf die gegnerischen Stellungen herabstießen und die Bomben detonierten, haben auch französische und britische Truppen die Nerven verloren, ihre Stellungen verlassen und sich zur Flucht gewendet. Die Piloten der Luftwaffe tauften die Sirene ›Trompete von Jericho‹. Ihre Wirkung gehört zur Legende des Stuka. Nach 1941 wurde sie jedoch nicht mehr in die Maschinen eingebaut.
Nach dem Einsatz in Spanien entwickelte sich die Idee, die Sturzkampfbomber als bewegliche Artillerie zu verwenden. Die Legion Condor hatte ihre Erfolge in der Tat zum großen Teil dem Einsatz der Stuka zu verdanken. Sie konnten bei jeder Veränderung der Lage sofort nachgezogen werden, erschienen überall im entscheidenden Augenblick, und wenn sie mit heulenden Motoren ihre Bomben in einem Umkreis von 30 Metern um das Ziel abwarfen, waren ihre Erfolge beeindruckend.
Auch die Besatzungen schätzten die Maschine sehr, denn obwohl die Alliierten im Kriege Gerüchte über den geringen Wert dieses Flugzeugs zu verbreiten suchten, war die Ju 87 doch eine sehr wendige Maschine. Ein Pilot der RAF, G. R. S. McKay, der zahlreiche Versuchsflüge mit einer erbeuteten Ju 87 durchgeführt hat, bezeichnet ihre fliegerischen Eigenschaften als hervorragend. Er berichtet, die Maschine habe sich so leicht und ohne körperliche Anstrengung fliegen lassen, daß die Gefahr bestand, sie zu übersteuern. Die Sicht aus der geräumigen Kanzel sei sehr gut gewesen. Die sehr leicht zu steuernde Maschine habe aber doch den Eindruck vermittelt, robust und leistungsfähig zu sein.
Ein Zweigwerk der zu den Kruppwerken gehörenden Deschimag, die Firma Weser Flugzeugbau in Tempelhof, übernahm die Massenproduktion der Ju 87 B. Hier wurden auch alle weiteren Entwicklungen durchgeführt.
Nach Beendigung des spanischen Bürgerkrieges hatten sich die dort eingesetzten Flugzeugführer der Luftwaffe mit der Wirkungsweise des Sturzkampfbombers vertraut gemacht und waren jetzt von seiner Leistungsfähigkeit überzeugt, aber auch alle anderen Bomberverbände hatten bei der Zusammenarbeit mit der Erdtruppe beeindruckende Erfolge erzielt. Richthofen hatte bewiesen, wie die taktischen Luftstreitkräfte, wenn sie an entscheidender Stelle konzentriert eingesetzt wurden, die gegnerischen Armeen lähmen konnten. In den

folgenden Jahren sollte er seine Taktik immer wieder mit großem Erfolg anwenden.

Auch bei der Bombardierung von Schiffen mit Sturzkampfflugzeugen hatte man Erfahrungen gesammelt. Bei den letzten Operationen in Spanien verwendete man die Stuka gegen Schiffe und Werften an der Mittelmeerküste, wo die Republikaner ihre letzten befestigten Stützpunkte hielten. In den Junkers-Nachrichten, der Werkszeitschrift der Firma, hieß es im Juni 1939, die Zerstörungen in den Hafengebieten von Valencia, Tarragona, Barcelona und so fort seien in erster Linie durch den Einsatz von Sturzkampfbombern bewirkt worden, die außerdem für einen großen Teil der versenkten oder beschädigten Schiffe verantwortlich seien.

Das Oberkommando der Luftwaffe dachte jedoch keineswegs an eine Verwendung von Flugzeugen gegen Schiffsziele, als der Einsatz der Luftstreitkräfte besprochen wurde, nachdem Hitler sich entschlossen hatte, wegen der Danziger Frage Polen anzugreifen und vernichtend zu schlagen. Zunächst sollten alle Teile der Luftwaffe nur zur Unterstützung der Operationen der Landstreitkräfte eingesetzt werden. Zwar war Major Harlinghausen 1933 im geheimen in die damals noch in den ersten Anfängen stehende Luftwaffe versetzt worden, um Luftoperationen im Seekrieg vorzubereiten, und hatte dann in Spanien einen Bomberverband geführt; er konnte jedoch das Oberkommando der Luftwaffe von der Bedeutung dieser Aufgabe nicht überzeugen. Hitler hatte versichert, ein Krieg gegen England und seine Flotte käme vor 1944 nicht in Frage. Danach richteten sich jetzt die Pläne und Vorbereitungen.

Das Oberkommando der deutschen Luftwaffe betrachtete den Sturzkampfbomber als Hauptwaffe zur Zerstörung lebenswichtiger Ziele im Herzen feindlicher Industriezentren und taktischer Ziele wie Brücken, Munitions-, Kraftstoff- und Verpflegungslager. In Spanien hatte sich außerdem gezeigt, welche starke moralische Wirkung der Stuka besaß. Diese Aufgaben übernahmen die Sturzbomberverbände mit großem Erfolg, solange die feindliche Luftwaffe ausgeschaltet blieb, nicht aber die von Richthofen empfohlene direkte Zusammenarbeit mit der Erdtruppe.

Die deutschen Offiziere waren durchaus nicht alle von der Leistungsfähigkeit des Stuka überzeugt. Da es jedoch im August 1939 neun

Sturzkampfgruppen mit insgesamt 336 Ju 87 A und Ju 87 B gab, war ziemlich klar, daß dieser Flugzeugtyp in der bevorstehenden Offensive eine wichtige Rolle übernehmen würde. Aber kurz vor Kriegsausbruch kam es zu einem Ereignis, das den Befürwortern des Stuka einen schweren Schock versetzte.

Vor der Verlegung der I. Gruppe des Stukageschwaders 76 unter der Führung von Hauptmann Sigel in die Bereitstellungsräume zum Angriff gegen Polen sollte der Verband auf dem Truppenübungsplatz Neuhammer mit Rauchbomben den Zielwurf im Sturzflug demonstrieren. Generalmajor von Richthofen sollte, obwohl er immer noch gewisse Vorbehalte gegen den Stuka hatte, gerade diese Verbände im gleichen Monat in den Einsatz führen. Er kam als Beobachter zu der Vorführung, ebenso auch die Generale Hugo Sperrle und Bruno Loerzer. Der Wetterdienst hatte gemeldet, daß in einer Höhe zwischen 900 und 2800 Meter über dem Zielgebiet eine Bedeckung von $^{7}/_{10}$ läge, daß darunter jedoch die Sicht gut sei. Sigel traf die entsprechenden Vorbereitungen. Seine drei Staffeln mit insgesamt 30 Flugzeugen starteten in drei Gruppen in Keilformation. Sie erhielten den Befehl, das Ziel in 5000 m Höhe anzufliegen, die Wolkendecke im Sturzflug zu durchstoßen und die Bomben aus einer Höhe von 300 m abzuwerfen.

In dem Zeitraum zwischen der Abgabe des Berichts des Wetterdienstes bis zum Eintreffen der I./St.G. 76 über dem Ziel entwickelte sich dort dichter Bodennebel. Die Gruppe erhielt diese Meldung jedoch nicht. Die Flugzeuge setzten daher wie befohlen zum Sturzflug an. Sigel selbst erkannte in letzter Sekunde, was geschehen war, und konnte seine Maschine knappe zwei Meter über dem Boden abfangen und in die Höhe ziehen. Während er das tat, rief er seinen Kameraden eine verzweifelte Warnung zu. Aber es war zu spät. Die meisten konnten nicht mehr gerettet werden. Mit heulenden Sirenen bohrte sich eine Maschine nach der anderen mit hoher Geschwindigkeit in den Boden.

Nur wenige Flugzeugführer konnten ihre Maschinen wie der Gruppenkommandeur im letzten Augenblick in die Höhe ziehen, aber sie blieben dann zum Teil in den Bäumen des Waldes hängen, der das Zielgebiet umgab. Dreizehn Stuka mit ihren Besatzungen gingen im Verlauf von wenigen Sekunden verloren. Ein fürchterlicher Unfall.

Die nachfolgende Untersuchung erbrachte die Unschuld Sigels, der im Kriege zu einem der erfolgreichsten Stukapiloten wurde. Auf die Verwendung der Stukaverbände hatte dieser Zwischenfall keinen Einfluß, aber die Gegner der Ju 87 haben seither immer wieder auf dieses Beispiel hingewiesen, um zu zeigen, wie schwerfällig und wenig manövrierfähig die Maschine gewesen sei.

Diese Schlußfolgerung ist falsch. Die Flugeigenschaften des Stuka hatten mit dem Unfall überhaupt nichts zu tun. Hätte es an der Manövrierfähigkeit des Flugzeugs gelegen, dann wären nicht 13, sondern 30 Maschinen verlorengegangen. Der erschütterte Udet hatte den Verlust von 13 der besten Besatzungen zu beklagen. Mehr konnte er nicht tun. Denn nur zwei Wochen später, am 1. September 1939, flogen die Stukaverbände an der Spitze der deutschen Wehrmacht bei Beginn des Zweiten Weltkriegs über die polnische Grenze.

ZWEITES KAPITEL

Die Probe aufs Exempel

Die Ju 87 kann den zweifelhaften Ruhm beanspruchen, den ersten Bombenangriff im Zweiten Weltkrieg geflogen zu haben. Bei Dirschau überspannte eine doppelte Eisenbahnbrücke die Weichsel. Um die Vereinigung der beiden Heeresgruppen zu beschleunigen, die von Westen her aus Deutschland und von Nordosten aus Ostpreußen nach Polen vorstießen, war es unbedingt notwendig, die Polen an der Zerstörung dieser Brücke zu hindern.

Ein Panzerzug war bereitgestellt worden, um die Brücke in Besitz zu nehmen und zu halten; aber bis dieser Zug eintreffen konnte, würde die Brücke längst durch vorbereitete Sprengladungen gesprengt sein. Eine Kette der 3./St.G. 1 unter Oberleutnant Bruno Dilley erhielt deshalb den Auftrag, in einem Überraschungsangriff fünfzehn Minuten vor dem Überschreiten der polnischen Grenze durch deutsche Truppen die Punkte anzugreifen, an denen die Sprengung elektrisch gezündet werden sollte.

Das war eine schwierige Aufgabe, denn obwohl man die genaue Lage der Ziele kannte, waren sie für die Angreifer nichts als kleine Punkte auf der Karte. Es bedurfte der größten Treffgenauigkeit, um sie zu zerstören. Mehrere Tage übten die Piloten der 3./St.G. 1 in Insterburg den präzisen Zielwurf, um ihre Ziele beim ersten Anflug zu treffen. Die Vorbereitungen waren bis ins kleinste Detail festgelegt. Einige Besatzungen hatten die Strecke mit der Eisenbahn abgefahren, um sich ein Bild von der Lage zu machen. Man beschloß, in sehr niedriger Höhe anzufliegen, um menschliches Versagen nach Möglichkeit auszuschalten.

Am 1. September waren die Wetterverhältnisse an der ganzen Front ungünstig. Das behinderte die ersten Einsätze der Luftwaffe erheblich. Die polnischen Luftstreitkräfte waren nicht, wie das so oft behauptet worden ist, am Boden zerstört worden. Dilleys Kette hatte deshalb, obwohl sie nur acht Flugminuten vom Ziel entfernt stationiert war, mit größten Schwierigkeiten zu rechnen. Sie startete um 4.26 Uhr und flog im Tiefflug durch Nebel und Wolken auf das Ziel zu. Als die Flugzeuge die Weichsel erreicht hatten, wendeten sie nach Norden und folgten dem Flußlauf bis zu den Brücken. Um 4.35 Uhr warfen alle drei Maschinen ihre Bomben aus nur 10 Meter Höhe und drehten sofort ab. Obwohl die Bomben das Ziel getroffen hatten und die Leitungen zu den Sprengladungen zerrissen waren, gelang es den Polen, die Leitungen zu flicken und einen Teil der Brücke zu zerstören. Aber der andere Teil stand noch, als der Panzerzug endlich auf dem Schauplatz eintraf.

Hier zeigte sich gleich zu Beginn des Krieges der größte Vorteil des Stukaeinsatzes: die Treffgenauigkeit. Im Vergleich dazu mußten später durch Horizontal-Bombenangriffe aus größerer Höhe jeweils größere Stadtgebiete zerstört werden.

Um der Welt eine erste Demonstration der Blitzkriegtaktik zu geben, hatte die Luftwaffe die Masse ihrer Kräfte gegen Polen zusammengezogen und hoffte, auf diese Weise rasch eine Entscheidung zu erzwingen, ehe die Franzosen Deutschland im Rücken angreifen konnten. Später erkannten die Deutschen, daß sie einen solchen Angriff der Westalliierten nicht zu befürchten brauchten. Aber zunächst war dies eine durchaus ernst zu nehmende Gefahr, und es spricht für die Kühnheit des deutschen Oberkommandos, daß es dieses Risiko eingegangen ist.

Insgesamt standen den beiden großen Luftflotten 219 Ju 87 B zur Verfügung. Der Luftflotte 1 unter Kesselring unterstanden die II. und III. Gruppe des Stukageschwaders 2 und die IV. Gruppe des L.G. 1. Der Luftflotte 4 unter Löhr unterstanden das St.G. 77 und der Stab L.G. 2 mit I./St.G. 76 und II. (Schl.)/L.G. 2.

Wegen des ungünstigen Wetters wurde es Nachmittag, bis die polnische Verteidigung das volle Gewicht dieser Luftstreitkräfte zu spüren bekam. Als sie jedoch endlich starten konnten, führten die Stuka vernichtende Schläge gegen die überraschten Polen. Dilley flog seinen zweiten Angriff an jenem schicksalsschweren Tage, als die I./St.G. 1 die Warschauer Rundfunkstationen bei Babice und Lacy bombardierte. Aber die Antennenmasten ließen sich schwer zerstören, denn die detonierenden Bomben ließen sie nur in den Fundamenten erzittern. Der Angriff brachte keinen vollen Erfolg. Eine ähnliche Ent-

täuschung erlebte die deutsche Luftwaffe später, als sie den Auftrag erhielt, das britische Radarnetz zu vernichten.
Bei den Angriffen gegen polnische Flotteneinheiten und Hafeneinrichtungen arbeiteten die II. und III./St.G. 2 mit der IV. (Stuka)/L.G. 1 und der Sturzbomberstaffel 4/186 der Kriegsmarine zusammen. Im ganzen wurden 120 Ju 87 gegen die kleine polnische Flotte eingesetzt, die außerdem durch sechs moderne deutsche Zerstörer mehrfach angegriffen wurde. Die Angriffe der deutschen Kriegsschiffe wurden von der heldenmütig kämpfenden polnischen Marine abgewehrt, aber die Polen verloren durch die Sturzbomber bei Gdingen das alte Torpedoboot ›Mazur‹. Von mehreren Bomben getroffen sank es sofort.
Die Angriffe der Stuka waren außerordentlich wirkungsvoll, und schon am ersten Tage hörte die polnische Kriegsflotte eigentlich auf zu existieren. Die U-Boote ›Rys‹ und ›Sep‹ wurden beschädigt, die beiden Kanonenboote ›General Haller‹ und ›Kommandant Pilsudski‹ versenkt. Den ersten massiven Stukaangriffen fielen außerdem die Minensucher ›Czapla‹, ›Jaskolka‹ und mehrere Hilfsfahrzeuge zum Opfer. Zwei U-Booten gelang es, nach Großbritannien zu entkommen, drei Zerstörer waren schon vor Ausbruch des Krieges nach dort ausgelaufen. Drei U-Boote wurden in Schweden interniert.
Es folgten weitere Schläge. Die Überlebenden wichen nach Hela aus. Hier sollten sie durch einen Angriff deutscher Kriegsschiffe vernichtet werden. Die Masse der Stukaverbände unter Generalleutnant Grauert erhielt andere Bodenziele zugewiesen. An diese Kampfmethoden hatten sich die Verbände Richthofens inzwischen gewöhnt.
Unter dem Kommando von Oskar Dinnort war es der I./St.G. 2 gelungen, Flugplätze bei Krakau anzugreifen, während andere Stukaverbände Einsätze gegen Kattowitz und Wadowice flogen. Obwohl Flugzeughallen und andere Einrichtungen getroffen wurden, mußte man feststellen, daß die dazugehörigen Vögel ausgeflogen waren. Die meisten polnischen Jagdflieger hatten starten können und kämpften tapfer. Aber ihre Maschinen waren den deutschen weit unterlegen. Sie konnten nicht einmal die modernen deutschen Bomber Dornier Do 17 und Heinkel He 111 einholen. Bei ihrer Unterlegenheit an Zahl und Leistung wurden sie bald abgeschossen.
Auch die polnische Armee war in der Hauptsache mit veralteten Waffen ausgerüstet und folgte überholten taktischen Grundsätzen. Die

Polen bekamen als erste die neuen deutschen Methoden der massierten Panzerangriffe, des beweglichen Infanterieeinsatzes und der laufenden Unterstützung des Erdkampfes durch die Luftwaffe zu spüren. So ist es nicht verwunderlich, daß ihre Armeen eingeschlossen und an der ganzen Front zurückgedrängt wurden. Dennoch leistete das polnische Heer viel heftigeren Widerstand als die Westalliierten im folgenden Frühjahr und brachte der deutschen Wehrmacht hohe Verluste bei.

Überall standen Stuka vom Typ Ju 87 bereit, um Verteidigungsanlagen zu bombardieren und den feindlichen Widerstand zu brechen, ehe er organisiert werden konnte. Die I./St.G. 76, die nach der Katastrophe im August neu ausgerüstet worden war und immer noch von Sigel geführt wurde, unternahm einen Präzisionsangriff gegen befestigte Stellungen bei Wielun, und die I./St.G. 77 unter Oberst Schwarzkopff, dem ›Stukavater‹, zerschlug polnische Stellungen bei Lublinitz.

In wenigen Fällen stießen die Stukapiloten auf feindlichen Widerstand. Nachdem die I./St.G. 2 am Morgen gegnerische Flugplätze angegriffen hatte, startete sie erneut von ihrem Feldflugplatz bei Nieder-Ellguth und griff eine polnische Kavalleriebrigade an, die sich im Raum Wielun versammelt hatte. Die 250-Kilo-Bomben und leichte Sprengbomben brachten den feindlichen Reitern, die sich nicht schützen konnten, schwere Verluste bei. Auf die Angriffe der Gruppe von Dinort folgten 30 weitere Stuka der I./St.G. 77 unter Schwarzkopff und vernichteten die feindlichen Kräfte vollends.

Das gleiche wiederholte sich am 2. September, als Stuka zur Unterstützung der 10. Armee bei Dzialoszyn die gegnerischen Stellungen angriffen und dann polnische Truppenversammlungen südostwärts von Tschenstochau mit Bomben belegten. 40 Stuka von der I./St.G. 2 und der I./St.G. 76 überraschten eine polnische Infanteriedivision, die auf der Bahnstation Piotrkow ausgeladen wurde, und zerschlugen sie. Das St.G. 77 bekämpfte Marschkolonnen bei Radomsko.

Am 3. September erfolgte der Angriff der deutschen Seestreitkräfte gegen die letzten Schiffe der polnischen Flotte, die sich auf Hela zurückgezogen hatten. Die beiden deutschen Zerstörer ›Leberecht Maas‹ und ›Max Schultz‹ griffen die feindlichen Fahrzeuge an, deren größte der Minenleger ›Gryf‹ (2250 ts) — das größte Schiff der polnischen

Flotte — und der Zerstörer ›Wicher‹ (1520 ts) waren. Der Angriff der deutschen Zerstörer wurde abgeschlagen. Es blieb der Kriegsmarine nichts anderes übrig, als die Unterstützung der Stuka anzufordern. Alle Gruppen der Luftwaffe waren jetzt damit beschäftigt, die Operationen der Erdtruppe zu unterstützen, aber es standen 11 Sturzbomber der Kriegsmarine von der Staffel 4/186 zur Verfügung, die noch am gleichen Vormittag zum Angriff gegen die beiden polnischen Einheiten starteten.

Mehrere Bomben fielen dicht bei dem Minenleger ins Wasser. Eine Bombe traf. Sie schlug in das Heck ein, das Schiff sank jedoch nicht. Bei dem letzten Angriff am Nachmittag hatten die Stuka der Marine mehr Glück. Zwar wurde eine Ju 87 von der Flak abgeschossen, doch kenterte die ›Wicher‹, nachdem sie zwei Treffer erhalten hatte, und die ›Gryf‹ erhielt einen zweiten Bombentreffer auf dem Vorschiff, das bis zu den Magazinen durchschlagen wurde. Die darauf folgende Explosion machte das Schiff manövrierunfähig. Es geriet in Brand. Bei einem letzten Anflug wurde das Wrack vollkommen zerstört und im seichten Wasser versenkt.

Die Ju 87 bewies also in einem kurzen Unternehmen gegen eine schwache Kriegsflotte die Wirksamkeit des Sturzbombers und die Verwundbarkeit kleiner Kriegsschiffe. Leider drang die Nachricht von diesen Erfolgen nur sehr langsam in den Westen. Die westalliierten Seestreitkräfte mußten in den folgenden Jahren die gleiche Lektion auf die gleiche Weise schlucken.

Die Operationen zu Lande näherten sich indessen ihrem Ende. Trotz heftigen Widerstandes der Polen bedrohte die deutsche Armee sehr bald die polnische Hauptstadt Warschau. Später hat man behauptet, in den Kämpfen um Warschau sei der Stuka zum erstenmal als ›Terrorwaffe‹ verwendet worden. In der westlichen Presse erschienen grausige Berichte darüber, welch gnadenlosen deutschen Luftangriffen die tapfere und wehrlose Stadt ausgesetzt sei.

In Wirklichkeit hatte die polnische Armee Warschau in eine sehr gut verteidigte Festung verwandelt. Man wollte dem Gegner hier verzweifelten Widerstand leisten und jeden Straßenzug verteidigen. Obwohl die Deutschen die Verteidiger in abgeworfenen Flugblättern aufforderten, die Hauptstadt aufzugeben, gruben sich 100 000 Mann in Schützengräben ein — bereit, den Abwehrkampf plangemäß zu führen. Das war eine tapfere, aber sinnlose Geste, denn die sowjetische Armee war den Polen bereits in den Rücken gefallen und über die Ostgrenze in das Land eingedrungen, während im Westen nicht ein einziger britischer oder französischer Soldat einen Schritt nach vorwärts getan hatte, um den tapferen Verbündeten zu entlasten.

Göring befahl Richthofen, den Widerstandswillen des Gegners zu brechen und so eine Verlängerung des Feldzuges zu verhindern. Die Deutschen waren wegen der entblößten Westfront immer noch besorgt und wollten große Teile von Heer und Luftwaffe möglichst bald nach Westen verlegen. Deshalb begannen im Morgengrauen des 15. September etwa 400 Flugzeuge die Verteidigungsanlagen der Stadt im rollenden Einsatz zu bombardieren. Da die Masse der mittleren Bomber bereits auf dem Wege nach Westen war, wurde der Angriff vor allem von Stuka geführt. 240 Ju 87 aus acht Gruppen, unterstützt von einem gemischten Verband von Ju 52 und anderen Typen, waren daran beteiligt. Den ganzen Tag über griffen die Stuka die Stadt in Wellen an und warfen Sprengbomben in das Inferno, das durch Brandbomben aus den Ju 52 angeheizt wurde. Kesselring berichtete nach dem Krieg, er habe die Stukastaffeln nach ihrer Rückkehr von den Angriffen gegen Warschau besucht, mit den Besatzungen über ihre Eindrücke gesprochen und die durch Flak beschädigten Flugzeuge besichtigt. Manchmal sei es fast wie ein Wunder erschienen, daß die von Flaksplittern durchlöcherten Maschinen wieder zurückgekommen seien. Zum Teil seien halbe Tragflächen und die äußere Verkleidung abgerissen gewesen, bei manchen Maschinen sei der Rumpf so aufgerissen worden, daß das Leitwerk nur noch an dünnen Resten gehangen habe. Der Dank der Luftwaffe gebühre Dr. Koppenberg und seinen Ingenieuren, die ein Flugzeug wie die Ju 87 herausgebracht hätten, das auch noch 1945 an der Ostfront zum Einsatz kam.

Am folgenden Tage und noch einmal am 27. September wurden Stuka gegen Modlin eingesetzt, aber diese Demonstrationen bewahrten die Stadt schließlich vor schlimmeren Verwüstungen, die entstanden wären, wenn es zu Straßenkämpfen gekommen wäre. Am 27. September kapitulierte Polen.

Die taktischen Grundsätze, nach denen die Luftwaffe zur Unterstützung der eigenen Truppe im Erdkampf eingesetzt wurde, hatten sich im Polenfeldzug als richtig erwiesen. Dieses Verfahren wurde zum Modell für alle folgenden deutschen Angriffe und Feldzüge. Vor allem die Ju 87 hatte sich glänzend bewährt, und ihre Erfolge trugen viel dazu bei, die noch bestehenden Vorbehalte gegen ihre Verwendung auszuräumen. Während des ganzen siegreichen Feldzuges gingen von den eingesetzten Stuka nur 31 verloren. Das war ein eindrucksvoller Anfangserfolg.

Der Winter 1939/40 brachte eine seltsame Kampfpause, in deren Verlauf es außer auf See kaum zu irgendwelchen Kampfhandlungen kam. Hitler war zwar entschlossen gewesen, sofort nach der Niederwerfung von Polen alle Kräfte gegen die Alliierten einzusetzen. Entsprechende Operationspläne lagen schon vor. Aber ungünstiges Wetter führte den ganzen Winter über immer wieder zu Verschiebungen des Angriffsbeginns. Im frühen Frühjahr 1940 waren die Alliierten, um mit den Worten des britischen Premierministers Chamberlain zu sprechen, davon überzeugt, daß »Hitler den Bus verpaßt« habe.

Das war natürlich weit gefehlt, aber ehe die deutschen Panzer dann über die Grenze nach Frankreich und in die Niederlande vorstießen, sollten die selbstzufriedenen Alliierten einen Vorgeschmack davon bekommen, was den Polen passiert war und was ihnen selbst noch bevorstand.

Hitler hatte schon eine ganze Zeit an der Neutralität Norwegens gezweifelt. Nach dem Altmark-Zwischenfall steigerten sich seine Befürchtungen, Großbritannien könnte das kleine Land überraschend besetzen und damit die für ihn wichtigen Eisenerz-Nachschubwege und seinen Zugang zum Atlantik abschneiden. In Wirklichkeit hatte die britische Regierung keine solchen Absichten, sondern hatte vorgehabt, Truppen in den norwegischen Häfen zu landen, mit ihnen nach Finnland zu marschieren und den Finnen zu Hilfe zu kommen, die im Abwehrkampf gegen eine mächtige russische Invasion standen.

Um einem solchen Unternehmen zuvorzukommen, faßte Hitler den Entschluß, Norwegen in einem überraschenden Vorstoß selbst zu besetzen. Obwohl dieses Unternehmen ›Weserübung‹ in erster Linie eine amphibische Operation war, an der alle verfügbaren Kräfte der deutschen Kriegsmarine teilnahmen, sollten wichtige Flugplätze von Luftlandetruppen genommen und leichte Verbände eingeflogen wer-

den, um die wichtigsten Städte zu besetzen und zu halten. Das bedeutete auch eine weitgehende Beteiligung der Luftwaffe. Als Nachgedanke — besonders im Hinblick auf spätere Bombenangriffe gegen England — kam Hitler die Idee, gleichzeitig Dänemark zu besetzen: so ging alles in einem Aufwaschen.
Angesichts der britischen Überlegenheit zur See war die Überraschung der wichtigste Faktor in den deutschen Plänen. Zur Unterstützung der See- und Landstreitkräfte stellten die Deutschen das Fliegerkorps X unter General Geisler für die Operationen in Norwegen bereit. Dieser Verband war im Herbst 1939 aus der 10. Fliegerdivision hervorgegangen, die besonders für die Bekämpfung von Schiffszielen vorgesehen war. Angesichts des zu erwartenden Eingreifens der britischen Home Fleet war dies eine richtige Entscheidung. Um die Luftoperationen zu koordinieren, wurde ein besonderer Stab aufgestellt, dessen Leitung als ›Transportchef Land‹ Geisler übernahm.
Am 9. April hatten die Deutschen etwa 290 Bombenflugzeuge He 111 und Ju 88, 100 ein- bzw. zweimotorige Jagdflugzeuge, fast 500 Transportmaschinen aus elf Gruppen und 40 Stuka für das Unternehmen bereitgestellt. Diesen starken Kräften standen nur die schlecht vorbereitete und rückständige norwegische Luftwaffe und einige schwache Verbände gegenüber, die die Alliierten in aller Eile zusammengerafft hatten. Diese kamen aber dennoch zu spät, um entscheidend eingreifen zu können. Hitler war der festen Meinung, daß die Alliierten nur sehr schwerfällig auf eine neuartige Idee reagieren würden. Er sollte recht behalten.
Der für den 9. April um 5.00 Uhr morgens angesetzte Angriff brachte einen überwältigenden Erfolg. Die Landstreitkräfte überschritten die dänische Grenze und konnten den schwachen Widerstand der Dänen rasch überwinden. Andere deutsche Kräfte landeten auf den dänischen Inseln. Die starken Luftwaffen-Verbände, die das Land auf dem Wege nach Norwegen überflogen, hinterließen den gewünschten Eindruck. Dänemark kapitulierte noch am ersten Tage. Auch die Erfolge in Norwegen waren bedeutend, aber doch nicht so absolut.
Zerstörerflugzeuge vom Typ Bf 110 griffen die Flugplätze von Oslo-Fornebu und Stavanger/Sola an und vernichteten die dort zur Verteidigung eingesetzten Jäger entweder am Boden oder in kurzen Luftkämpfen. Die modernsten Maschinen, die den überrumpelten Nor-

wegern zur Verfügung standen, waren Flugzeuge vom Typ Gloster ›Gladiator‹. Mit ihnen hatten Görings Zerstörer-Verbände keine Schwierigkeiten. Auf diese Angriffe folgten Landungen von Fallschirmtruppen, die ebenfalls planmäßig verliefen. Am Abend des ersten Tages standen beide Flugplätze den Deutschen zur Verfügung. Die deutschen Ju 52 brachten Truppen und Nachschub heran, die ersten Zerstörer und Stuka trafen ein. Am 10. April kamen 12 Maschinen vom Typ Ju 87 R der II./St.G. 1 und 2 nach Sola und konnten den Flugplatz sofort als vorgeschobene Basis benutzen.

Zur See hatten die deutschen Invasionsstreitkräfte härtere Schläge hinnehmen müssen. In den folgenden Flottenoperationen vernichteten die Briten fast die ganze deutsche Expeditionsflotte, die vor Oslo den schweren Kreuzer ›Blücher‹ durch norwegische Küstengeschütze, die beiden leichten Kreuzer ›Königsberg‹ und ›Karlsruhe‹ und zehn große Zerstörer verlor. Aber die Briten waren nicht auf eine Landeoperation vorbereitet. Bevor sie wirksame Gegenmaßnahmen ergreifen konnten, hatten sich die Deutschen in Norwegen sichere Positionen erkämpft.

Die I./St.G. 1 flog von Kiel-Holtenau aus den ersten Stukaangriff. Die Festungen von Akerhus und Oskarsborg, welche die Zufahrt nach Oslo deckten, hatten den ganzen Morgen heftigen Widerstand geleistet. Um 10.59 Uhr erhielten die Stuka unter Hauptmann Hozzel den Auftrag, die Geschütze zum Schweigen zu bringen. Sie erzielten mehrere Treffer.

In aller Eile zusammengestellte und schlecht organisierte alliierte Truppen landeten in der Zeit zwischen dem 16. und 19. April in den kleineren nordnorwegischen Häfen, und der bedeutende Hafen von Narvik war nach dem Sieg der britischen Flotte vor Narvik weiterhin stark umkämpft. Doch für die Alliierten wurde dieser ohne Unterstützung aus der Luft geführte Kampf zu einer langen Kette von kläglichen Rückzügen und Rückschlägen, während die nunmehr verstärkten deutschen Kräfte sich nach Norden hinaufkämpften und eine Küstenstadt nach der anderen nahmen.

Die schwersten Schläge führte das X. Fliegerkorps gegen die Landungshäfen der alliierten Expeditionsstreitkräfte und gegen die in den Fjorden liegenden alliierten Kriegsschiffe. Zunächst besaßen nur die mittleren Bombenflugzeuge die genügende Reichweite, um an diesen Kämpfen teilzunehmen. Sie erzielten jedoch einige eindrucksvolle Siege. Ju 88 der II./K.G. 30 brachten dem britischen Kreuzer ›Suffolk‹ schwere Schäden bei, nachdem er von See aus den Flugplatz Sola unter Feuer genommen hatte. Von da an hielt sich die britische Home Fleet weiter nördlich.

Die Hauptaufgabe der Stukaverbände war es, die deutschen Truppen im Erdkampf zu unterstützen. Aber während die deutschen Heeresverbände weiter vorgingen, ergab sich für die Ju 87 die Gelegenheit, ihre Wirkungsmöglichkeiten gegen die Fliegerabwehrschiffe der britischen Flotte zu erproben. Der Mangel an Jagdflugzeugen und Küsten-Flak hatte dazu geführt, daß einige britische leichte Kreuzer und Kanonenboote, die hauptsächlich mit Fla-Waffen bestückt waren, von England in die norwegischen Gewässer geschickt wurden, um die kleinen Häfen und die bei Namos, Narvik und Andalsnes versammelten Transportschiffe zu schützen.

Diese Häfen, viele Meilen vom offenen Wasser entfernt und in den tiefen Felseinschnitten der Fjorde gelegen, wurden für die Schiffe sehr bald zu Todesfallen. Die meisten kleineren Kriegsschiffe der britischen Flotte wie Kreuzer und Zerstörer waren viel zu schwach bestückt, um Luftangriffe abzuwehren. Während man diesem Mangel auf hoher See gelegentlich dadurch abhelfen konnte, daß man die Fahrgeschwindigkeit erhöhte und geschickt manövrierte, stiegen die Verluste bei den Flotteneinheiten, die in den Fjorden festlagen und immer wieder von Sturzbombern angegriffen wurden.

Aber erst nach Eintreffen der Stuka auf dem Kampfplatz wurde die Lage für die Kriegsschiffe wirklich ernst. Am 3. Mai um 8.45 Uhr stellten deutsche Sturzbomber einen alliierten Verband von Truppentransportern, Kreuzern und Zerstörern fest, welche die Nachhut aus Namos evakuierten. Die I./St.G. 1 (Hauptm. Hozzel) griff die Schiffe an. Der französische Zerstörer ›Bison‹ (2435 ts) wurde getroffen und in Brand gesetzt. Zahlreiche Soldaten wurden durch die Explosion und das ausgebrochene Feuer getötet. Das Schiff mußte versenkt werden. Während der britische Zerstörer ›Afridi‹ (1820 ts), einer der größten und modernsten überhaupt, versuchte, zu dem vorausgefahrenen Verband aufzuschließen, wurde er von drei Stuka erkannt und angegriffen. Die ›Afridi‹ war das Flaggschiff der 4. Flottille unter dem Kommando von Captain Philip Vian, der als ›Vian of the Cos-

sack‹ bereits ein bekannter Mann war. Er beschreibt sehr lebendig die in den letzten Augenblicken auf dem Schiff entstandene Verwirrung.
»Nachdem wir um 14.00 Uhr den Verband des Admirals Cunningham erreicht hatten, glaubten wir, langsam aufatmen zu können, da wir nun auf hoher See waren und der Geleitzug, wie wir hofften, sich bald außerhalb der Reichweite der Sturzbomber befinden würde. Darin hatten wir uns getäuscht. Ein Stukaverband traf gleichzeitig mit uns an Ort und Stelle ein. Eines der Flugzeuge setzte an Steuerbord zum Sturzflug an, offenbar gegen die ›Afridi‹. Wir drehten sofort scharf in Richtung auf das Flugzeug zu, um den Sturzwinkel für den Piloten zu steil werden zu lassen. Im gleichen Augenblick meldete Gammon, daß ein zweiter Stuka uns von backbord her angriff. Maurice schlug vor, das Ruder herumzuwerfen, aber ich fürchtete, damit würde das Schiff genau in dem Augenblick, wo die Bomben fielen, auf der Stelle drehen, und befahl ihm, weiter Kurs nach Steuerbord zu halten.«*
Diese Maßnahme erwies sich als falsch. Der Zerstörer, der verzweifelt versuchte, dem Angriff auszuweichen, wurde von zwei Bomben getroffen. Die erste fiel direkt hinter der Brücke und detonierte im vorderen Kesselraum, wo Feuer ausbrach und schwere Verluste eintraten; die zweite Bombe fiel auf das Vorderdeck und riß einen großen Teil des Bugs fort. Das Feuer breitete sich sehr schnell aus; das Schiff machte keine Fahrt mehr. Ein Versuch, das Schiff ins Schlepptau zu nehmen, mußte aufgegeben werden. Es ging mit 49 Offizieren und Mann, 13 Soldaten und 30 Überlebenden der ›Bison‹ unter.
Am meisten hatten jedoch die in den Fjorden in der Falle sitzenden Schiffe unter den Angriffen der Stuka zu leiden. Am 5. Mai tauchte der polnische Zerstörer ›Grom‹ mit dem Flaggschiff der Flottille, ›Faulknor‹, vor Narvik auf und beschoß die deutschen Stellungen an der Küste. Beide Schiffe wurden eine Zeitlang recht erfolgreich auf diese Weise eingesetzt. Die Deutschen forderten eine Gruppe Ju 87 an, um diese Störenfriede endlich loszuwerden. Als die Flugzeuge eintrafen, machten die zwei Schiffe Fahrt auf, aber die unglückliche ›Grom‹ erhielt einen 250-Kilo-Bomben-Treffer auf die Torpedorohre. Die Sprengköpfe der Torpedos detonierten, die Explosion zerriß das

* Admiral Sir Philip Vian, ›Action This Day‹, Muller, London.

Schiff in zwei Teile. Die ›Faulknor‹ konnte dem Angriff durch geschicktes Manövrieren ausweichen und nahm später Überlebende der ›Grom‹ auf, die mit 65 Mann unterging.

Die bei weitem am besten bestückten Schiffe der britischen Flotte waren damals die Fla-Korvetten der ›Black Swan‹-Klasse. Sie waren mit drei 10,2-cm-Zwillingsgeschützen und einem automatischen Flak-Vierling ausgerüstet. Während des Kampfs um Norwegen wurden sie überall benötigt und hatten daher schwere Verluste. Bei Andalsnes wurde die ›Black Swan‹ selbst am 26. und 27. April ununterbrochen von Stuka angegriffen, ohne jedoch getroffen zu werden. An einem einzigen Tage verschoß das Schiff mehr als 1000 Schuß der 10,2-cm-Flakmunition. Als die Munition fast verschossen war und die Geschützbedienungen sich vor Erschöpfung kaum mehr rühren konnten, erhielt das Schiff den Befehl, sich zurückzuziehen. Captain Poland ließ es aus dem Fjord auslaufen, um es auf hoher See in Sicherheit zu bringen. Um 16.00 Uhr griffen die Ju 87 wieder an.

»Zum hundertsten Mal gab ich den Befehl durch: ›Vierlingsflak, Feuer frei!‹ Im hellen Sonnenlicht konnte ich ganz deutlich den Piloten erkennen, als er die Bombe in Höhe der Mastspitzen ausklinkte. Dann drehte das Flugzeug ab, gefolgt von den Geschoßbahnen unserer Leuchtspurmunition. Ich blickte zum Heck zurück, und das Herz wollte mir stehenbleiben. Im Bruchteil einer Sekunde sah ich, wie die Geschützbedienungen am Heck mit offenem Mund der herabfallenden Bombe entgegenstarrten. Dann schlug sie direkt unterhalb des Geschützes ein. Eine kleine Rauchwolke stieg vom hölzernen Deck auf, und das war alles.«*

Die ›Black Swan‹ blieb in der Tat wie durch ein Wunder verschont, denn die aus zu niedriger Flughöhe abgeworfene Bombe hatte das Achterdeck durchschlagen, war durch die Offiziersmesse und einen Süßwasserbehälter in die 10,2-cm-Munitionskammer und zwischen den beiden Schraubenwellen durch den Schiffsboden ins Wasser gegangen und erst am Grunde des Fjords detoniert, wo die Detonationswelle durch das Wasser gedämpft worden war. Nicht alle Schiffe hatten ein so phänomenales Glück.

---

* Commander William Donald, ›Stand by for Action‹, William Kimber, London 1956, S. 30.

Das Schwesterschiff der ›Black Swan‹, die ›Bittern‹, kam am 30. April bei Namsos in eine ähnliche Lage. Sie war den ganzen Tag immer wieder von Stuka angegriffen worden, die entschlossen zu sein schienen, die einzige in diesem Hafen vorhandene Flak unschädlich zu machen. Damit verschafften sie den hartbedrängten Truppen an Land eine kleine Erholungspause. Aber es konnte nicht ewig so weitergehen. Am Spätnachmittag flog eine Kette von drei Sturzbombern einen neuen Angriff. Zwei Maschinen kamen von vorn, die dritte von der Heckseite.

Die beiden von vorn anfliegenden Flugzeuge wurden abgewehrt, aber der dritte Stuka setzte seine Bombe direkt auf das Heck des Schiffes. Dort durchschlug sie einen Stahlbehälter, der Sprengkörper enthielt. Mit einer gewaltigen Detonation, der eine riesige Stichflamme folgte, riß das Heck ab. Die Deckladung Wasserbomben drohte zu explodieren und das Inferno zu vergrößern. Deshalb sah sich Lieutenant Commander Mills gezwungen, das Schiff aufzugeben. Der Zerstörer ›Juno‹ versenkte die ›Bittern‹ schließlich mit einem Torpedo, als sich das auf dem Schiff ausgebrochene Feuer nicht eindämmen ließ.

Da die Deutschen die Luftüberlegenheit besaßen, fielen nach und nach sämtliche von den Alliierten errichteten schwachen Brückenköpfe in Norwegen. Nur Narvik konnte sich noch halten. Obwohl die Großoffensive gegen Frankreich unmittelbar bevorstand, war Hitler von der Wichtigkeit dieses Hafens besessen und drängte seine Kommandeure zu größeren Anstrengungen, die Stadt endlich zu nehmen. Die ohnedies schon schweren Bombenangriffe wurden verstärkt. Am 10. Juni ergaben sich die Alliierten angesichts der Katastrophe im Süden in das Unvermeidliche und ließen den Rest ihrer Soldaten durch die Flotte evakuieren. Narvik fiel in deutsche Hand.

Der Feldzug hatte bewiesen, wie wichtig die Luftüberlegenheit sogar in Kampfgebieten ist, wo die Überlegenheit zur See in der Hand des Gegners liegt. Die Alliierten, schlecht vorbereitet und durcheinandergebracht, konnten gegen einen so gut koordinierten Angriff nichts unternehmen. Aber als der letzte britische Soldat Norwegen verlassen hatte, verschwanden die Nachrichten über dieses Land auf die letzten Seiten der Zeitungen. Die Deutschen hatten an der Westfront den großen Durchbruch erzwungen. Die Stuka ebneten den deutschen Truppen den Weg zum Höhepunkt ihrer Erfolge.

DRITTES KAPITEL

Der Wettlauf zur Küste

Der kurze und vernichtende Feldzug, den Deutschland am 10. Mai 1940 begann, brachte den Höhepunkt jener Techniken, die in Spanien entwickelt und in Polen vervollkommnet wurden. Gegenüber diesem neuen Konzept der Kriegführung — dem massierten Vorstoß von Panzerkolonnen, motorisierter Infanterie und dem rollenden Einsatz der Luftstreitkräfte — schmolzen die Armeen Belgiens, Frankreichs und die britischen Expeditionsstreitkräfte dahin wie der Schnee an der Sonne. 48 Stunden nach den ersten Bombenangriffen gegen holländische, belgische und französische Flugplätze waren die alliierten Truppenbefehlshaber nicht mehr Herren der Lage. Der dann folgende fluchtartige Rückzug war katastrophal. Innerhalb von fünf Tagen kapitulierte Holland. Die Belgier leisteten härteren Widerstand, aber der deutsche Vorstoß durch die Ardennen täuschte die Alliierten, sie waren in der Flanke umgangen und geschlagen worden.

Mit den ersten Schlägen vernichteten die deutschen Bomber die Masse der alliierten Luftstreitkräfte, die auf den Flugplätzen bereitstanden. Dann erhielt der größte Teil der 1100 mittleren Bombenflugzeuge der Luftflotten 2 und 3 den Auftrag, das Heer im Erdkampf zu unterstützen. Die 320 entlang der Front eingesetzten Stuka erwiesen sich in diesem Feldzug wieder als die entscheidende Waffe, obwohl sie weiterhin eingesetzt wurden, Ziele im Rücken der alliierten Front anzugreifen und weniger die kämpfende Truppe direkt zu unterstützen.

Das VIII. Fliegerkorps unter Richthofen ging bis zur Grenze seiner Leistungsfähigkeit. Jedes Flugzeug flog täglich bis zu neun Einsätze. Das Korps wurde rasch von einem improvisierten Feldflugplatz zum nächsten nach vorn verlegt, um mit dem überstürzten Vormarsch der Panzerkolonnen Schritt zu halten. Überall, wo die Alliierten starke Artillerie, Infanterie oder Panzerverbände zusammengezogen hatten, um den vorrückenden deutschen Panzern energischen Widerstand zu leisten, forderten die deutschen Verbindungsoffiziere Stuka an, die die feindlichen Truppenansammlungen zerschlugen und den Weg für den deutschen Vormarsch freimachten. Sogar die Deutschen waren überrascht zu sehen, bis zu welchem Grade die britischen und französischen Armeen durch solche Methoden gelähmt wurden.

Das Heulen der Motoren und Sirenen der Ju 87 wurde zum Signal für den Zusammenbruch der Verteidigung und das weitere Vorstoßen der schnellen Panzerverbände. Das wichtige belgische Sperrfort Eben Emael an der Maas wurde durch eine kühne Luftlandeoperation genommen. Die Stuka des St.G. 2 zerschlugen belgische Truppenansammlungen, die zu einem Gegenangriff bereitgestellt waren. Bei Moerdijk hatten Ju 87 die Verteidigungsanlagen und Flakstellungen vernichtet, welche die wichtigen Übergänge über das Diep der Maas schützten, die dann von Fallschirmjägern genommen und gehalten wurden.

Auch in den Niederlanden griffen die Sturzbomber in den Seekrieg ein, denn am zweiten Tage des Feldzuges operierten britische und französische Zerstörer vor der holländischen Küste, evakuierten die königliche Familie und die holländischen Goldreserven und landeten Sprengkommandos, die militärische Einrichtungen und Kraftstofflager bei Ijmuiden, Hoek, Vlissingen und Antwerpen zerstören sollten.

Auch die holländische Flotte mußte schwere Schläge hinnehmen. Als die deutschen Truppen die Insel Walcheren besetzten und den dort gelegenen Flugplatz nahmen, erhielt der Zerstörer ›Jan Van Galen‹ den Auftrag, sie zu beschießen und zu vertreiben. Das war ein hoffnungsloses Unternehmen, ähnlich wie die Beschießung von Sola durch die ›Suffolk‹. Die Holländer bewiesen Mut und Tapferkeit. Der Zerstörer traf am 10. Mai gegen Mittag vor dem Flugplatz ein, während die schwerfälligen Transportmaschinen vom Typ Ju 52 noch landeten. Es gelang ihm, drei Maschinen mit seiner Flak abzuschießen. Dann richtete der Zerstörer seine 12-cm-Geschütze gegen die deutschen Stellungen an der Küste und nahm sie eine halbe Stunde unter schweren Beschuß. Die Vergeltung ließ nicht lange auf sich warten: eine ganze Gruppe von 32 Stuka startete zum Angriff gegen das Schiff.

Im Hinblick auf ihre Bestückung mit Schiffsflak war die kleine holländische Kriegsflotte der britischen weit überlegen. Die 10 Jahre alten Zerstörer von der ›Witte de With‹-Klasse waren mit einem schweren 7,5-cm-Fliegerabwehrgeschütz, vier 4-cm-Bofors und vier 12,7 mm leichten Flak bestückt. Man vergleiche das mit der typischen Bewaffnung der modernen ›Javelin‹-Klasse der britischen Flotte, die erst 1939 in Dienst gestellt worden war. Diese Schiffe verfügten nur über eine 4-cm-Vierlingsflak und zwei 12,7-mm-Vierlingsmaschinengewehre, und dabei waren sie — verglichen mit den meisten Zerstörern — noch sehr gut ausgerüstet. Der britische Flottenstab hatte noch kurz zuvor behauptet, für die Fliegerabwehr genügten Waffen mit einer gewöhnlichen visuellen Zieleinrichtung. Der holländische Zerstörer war mit dem Hazemeyer-Feuerleitgerät ausgestattet, und die Geschütze und Zieleinrichtungen waren durch Kreiselsteuerung stabilisiert.

Trotz ihrer modernen Ausrüstung konnte sich die ›Jan Van Galen‹ nicht gegen 32 Flugzeuge behaupten. Sie wurde getroffen und so schwer beschädigt, daß sie aufgegeben werden mußte und sank. Die Besetzung der Niederlande vollzog sich dann, ohne weiter durch alliierte Aktionen gestört zu werden.

Das Kanonenboot ›Johan Maurits Van Nassau‹ teilte vier Tage später das Schicksal der ›Jan Van Galen‹. Am 13. Mai hatten die Deutschen eine Batterie gegen die holländischen Befestigungen bei Kornwerdzand auf dem Zuiderseedeich in Stellung gebracht. Im Schutz dichten Morgennebels näherte sich das Kanonenboot dem Deich von der Seeseite und brachte die deutschen Geschütze mit seinen drei 15-cm-Geschützen zum Schweigen. Als das Boot am nächsten Tage auf See zu entkommen versuchte, wurde es durch Stuka angegriffen und versenkt.

Am 12. Mai evakuierte der britische Flottillenführer ›Codrington‹ die holländische Kronprinzessin und ihre Familie aus Ijmuiden. Am folgenden Tage nahm der Zerstörer ›Hereward‹ die Königin Wilhelmine und ihr Gefolge fast unter den Augen der vordringenden Deutschen auf und brachte sie in Sicherheit. Hitler ärgerte sich, weil er das Nachsehen hatte — denn er hatte die Gefangennahme der Königin befohlen. Am 13. Mai evakuierte der britische Zerstörer ›Windsor‹ die holländische Regierung. Allerdings konnte dieses Unternehmen nicht ohne Verluste durchgeführt werden.

Die Stuka nahmen jede Gelegenheit wahr, harte Schläge gegen den Strom von Schiffen zu führen, die aus Holland herauswollten. Dabei griffen sie auch die zum Geleitschutz eingesetzten britischen Zerstörer an. Viele von ihnen gehörten zu den alten Typen ›V‹ und ›W‹, aber trotz ihres Alters hielten sie sich hervorragend. Einige von ihnen waren zu Flakschiffen umgebaut worden, wofür man ihre bisherige Bewaffnung durch 10,2-cm-Flak ersetzt hatte. Die Ju 87 konnten aber dennoch ihren Feuerschirm durchstoßen. Am 15. Mai wurde die ›Valentine‹ getroffen, als sie versuchte, einer Fähre auf der Schelde Feuerschutz zu geben. Schwer beschädigt lief sie in der Scheldemündung auf Grund und mußte aufgegeben werden. An den folgenden beiden Tagen wurden die ›Winchester‹ und die ›Westminster‹ getroffen und beschädigt; am 19. Mai wurde die ›Whitley‹ durch Stuka angegriffen und erhielt so schwere Treffer, daß sie zwischen Newport und Ostende auf Grund lief und aufgegeben werden mußte.

Die Lage an der Hauptfront hatte sich indessen für die Alliierten noch erheblich verschlechtert. Am Abend des 12. Mai hatten die Panzerverbände unter den Generalen Guderian und Reinhardt bei Sedan die Maas erreicht und bereiteten sich zum Übergang über den Fluß vor. Am 13. Mai um 16.00 Uhr griffen Stuka die französischen Befestigungen an, welche den Flußübergang schützten, und die Panzer setzten über. Weiter westlich bei Doncherry flogen Stukaverbände, zu denen auch das St.G. 77 unter dem ›Stukavater‹ Oberst Günter Schwarzkopff gehörte, 200 Einsätze. Am 14. Mai hatte die 2. Panzerdivision die Maas überschritten.

Alle Bemühungen der auf dem Kontinent eingesetzten Verbände der RAF und der mittleren Bomber der französischen Luftwaffe, den Brückenkopf zu zerschlagen, scheiterten an dem Widerstand der starken deutschen Jagdverbände und dem verheerenden Feuer der deutschen Flak. Die alliierten Bombenflugzeuge erlitten schwere Verluste. Gegen Ende des Tages hatten die deutschen Truppen kaum einen Luftangriff mehr zu fürchten. Ihr Vormarsch ging noch schneller voran.

Die Panzer schlugen sich durch die in Auflösung begriffenen alliierten Armeen durch und erreichten die Sommemündung bei Abbéville. Dabei war es gelungen, die britischen Expeditionsstreitkräfte mit der Masse der französischen Nordarmeen einzuschließen und abzuschneiden. Jetzt brauchten sie die Zange nur langsam zuzumachen, um diese Kräfte nacheinander zu zerschlagen. Boulogne war bedroht. Wieder fiel den hart beanspruchten Zerstörern der Dover-Flottillen die Aufgabe zu, unter ständigen Angriffen der deutschen Luftwaffe die Evakuierung der Truppen und die Zerstörung militärischer Einrichtungen durchzuführen.

Die Zerstörer ›Whitshed‹ und ›Vimiera‹ eskortierten die 20. Gardebrigade nach Boulogne, um die Verteidigung der Stadt zu organisieren, die die Briten zu halten hofften. Aber Admiral Ramsey mit Hauptquartier in Dover ließ die militärischen Anlagen trotzdem für die Zerstörung vorbereiten. Die britischen Expeditionsstreitkräfte waren von völliger Vernichtung bedroht, und man dachte bereits daran, einige Truppen über die nördlich gelegenen Häfen zu evakuieren, solange noch Zeit dazu war. Sprengkommandos gingen außerdem nach Calais und Dünkirchen. Die Heranführung von Nachschub für die eingeschlossenen Armeen über diese Häfen wurde vorbereitet.

Die Briten und Franzosen versuchten Transportschiffe heranzuführen. Als aber am 20. Mai schwere deutsche Bombenangriffe zu Verlusten in Dünkirchen führten, entschloß sich Admiral Abrial, den Hafen von allen größeren Schiffen räumen zu lassen. Am 21. Mai tauchten die Stuka auf, um diese Schiffsbewegungen zu unterbinden, und die Franzosen verloren den Zerstörer ›L'Adroit‹, die Tanker ›Salome‹ und ›Niger‹ und das Truppentransportschiff ›Pavon‹.

Jetzt ging die 2. Panzerdivision von der Canche nach Norden vor und griff den äußeren Verteidigungsgürtel von Boulogne an. Obwohl die Alliierten ihre Stellungen gerade noch halten konnten, war es klar, daß der Zusammenbruch unter so starkem Druck nicht mehr lange auf sich warten lassen würde. Der Zerstörer ›Vimy‹ wurde nach Boulogne geschickt, um eine Abteilung von 200 Marinesoldaten zu landen, die das Hafengebiet halten sollten. Am gleichen Tage trafen zwei weitere Zerstörer, die ›Keith‹ und die ›Whitshed‹, ein. Beide Schiffe gerieten unter Artilleriebeschuß, als sie am Kai festmachten. Die Kommandanten der ›Keith‹ und der ›Vimy‹ fielen auf den Kommandobrücken ihrer Schiffe, während diese Verwundete aufnahmen.

Eine Flottille französischer Zerstörer unter dem Kapitän de Portzamparc von der ›Cyclone‹ wollte den hart bedrängten Verteidigern zu Hilfe kommen und sie durch Artilleriefeuer unterstützen. Am Morgen des 23. Mai schlossen sich die ›Keith‹, die ›Vimy‹ und die ›Wild Swan‹ an und beschossen deutsche Geschützstellungen, Truppenansammlungen und sogar einzelne Panzer. Aber das half nicht viel. Als die Deutschen das Fort de la Creche genommen hatten, war es klar, daß das Schicksal des Hafens besiegelt war. Um 17.30 Uhr wurde die Räumung befohlen.

Die Evakuierung begann um 18.30 Uhr, aber zugleich trafen die ersten Stukaverbände ein, die bei dieser Operation ihre ganze Reichweite ausnutzten, denn sie waren von Flugplätzen ostwärts von St. Quentin gestartet. Zwei Gruppen schwenkten über der Stadt ein, konzentrierten sich auf das Hafengebiet und bombardierten Schiffseinheiten auf See. Zum Glück traf zur gleichen Zeit auch ein kleiner Verband Jagdflieger der RAF ein, um den Angriff zu stören. Aber das genügte nicht. Viele der Ju 87 kamen durch und bombardierten den französischen Zerstörer ›Orage‹, auf dem ein Feuer ausbrach und der anschließend versenkt werden mußte. Die ›Frondeur‹ wurde ebenfalls getroffen und blieb manövrierunfähig liegen. Eine Bombe fiel dicht neben dem britischen Zerstörer ›Whitshed‹ ins Wasser.

Obwohl zahlreiche Schiffe im Hafen lagen, ging überraschenderweise keines davon verloren. Allerdings gab es am Kai in der Nähe der ›Keith‹ und der ›Vimy‹ Verluste durch dort gefallene Bomben. Trotz heftigen deutschen Geschützfeuers kamen weitere Zerstörer heran. Am Morgen des 24. Mai waren alle überlebenden britischen Verteidiger eingeschifft.

Die Besatzung von Calais erhielt den Auftrag, die Stadt zu verteidigen, um den deutschen Vorstoß gegen Dünkirchen aufzuhalten, von wo man die Masse der britischen Expeditionsstreitkräfte evakuieren wollte. Die Zerstörer wurden wieder eingesetzt, um Verstärkungen für die Garnison heranzubringen; sie übernahmen, wo dies möglich war, den Feuerschutz für die an Land kämpfenden Truppen. Aber das war auch alles, was sie tun konnten.

Wie wirkungsvoll das Feuer der Schiffsgeschütze war, ließ sich daraus entnehmen, daß der Gegner mit allen Kräften versuchte, die Zerstörer zu vertreiben. An diesen Operationen am 23. Mai waren die ›Grafton‹, die ›Greyhound‹, die ›Wessex‹, die ›Vimiera‹ und der polnische Zerstörer ›Burza‹ beteiligt. Der Kommandeur der deutschen 10. Panzerdivision, dessen Truppen beim Vordringen in die Stadt auf

entschlossenen Widerstand stießen, forderte dringend Luftunterstützung an.
Das Stukageschwader 2 unter Major Oskar Dinort operierte von Guise aus. Obwohl die Kanalküste an der äußersten Peripherie ihrer Reichweite lag, erhielten zwei Gruppen den Auftrag, die Schiffe anzugreifen, deren Feuer die deutschen Bodentruppen behinderte. Obwohl die Stuka noch keine einheitliche Methode zum Angriff gegen schnell fahrende Schiffe entwickelt hatten, entledigten sie sich ihres Auftrags mit großem Erfolg. Nach Eintreffen über der Küste befahl Dinort seinen beiden Gruppenkommandeuren, Hauptmann Hitschold (I./2) und Hauptmann Brücker (III./2), sie sollten sich ihre Ziele aussuchen und angreifen.
Die in Kette zu drei fliegenden 40 Ju 87 gingen im Abschwung in den Sturz und griffen die kleinen Schiffe an. Gleichzeitig beschleunigten die Zerstörer ihre Fahrt, und das helle Kielwasser zeichnete bizarre Muster auf das stahlblaue Wasser. Obwohl man im St.G. 2 noch daran gezweifelt hatte, auch schnell fahrende Zerstörer treffen zu können, führte es die Angriffe durch und kehrte trotz der Abwehr durch britische Spitfire-Maschinen ohne eigene Verluste zu seinem Stützpunkt zurück. Am Tage zuvor waren jedoch 8 Ju 87 von alliierten Jägern abgeschossen worden. Bei diesem und den folgenden Angriffen verloren die Briten die ›Wessex‹; die ›Vimiera‹ und die ›Burza‹ wurden schwer beschädigt.
In Calais selbst konzentrierten sich die Kämpfe um die Zitadelle, wo die britische Nachhut die Aufforderung zur Kapitulation abgelehnt hatte. Guderian bat deshalb Richthofen, die Zitadelle durch Stukaangriffe sturmreif zu machen. Am 26. Mai wurden zwei schwere Angriffe geflogen. Den ersten führte das St.G. 77 unter Major Graf Schönborn durch; und das St.G. 2 erledigte den Rest der Aufgabe. Dann griff die 10. Panzerdivision an, und um 16.45 Uhr befand sich Calais in deutscher Hand. Den in dem immer enger werdenden Kessel eingeschlossenen Truppen blieb nur der Hafen von Dünkirchen und ganz wenig Zeit.
Am Abend des 26. Mai ließ Admiral Ramsey offiziell das Unternehmen ›Dynamo‹ anlaufen. In Wirklichkeit hatte die Evakuierung aus Dünkirchen schon am 20. Mai begonnen. 27000 Mann waren bereits abtransportiert worden. Man hatte an diesem Tage endlich erkannt,

daß die Versuche der alliierten Armeen im Süden, den schwachen deutschen Korridor zu durchbrechen, fehlgeschlagen waren. Ein Panzervorstoß gegen Amiens wurde von den Sturzbombern des St.G. 1, unterstützt von mittleren Bombenflugzeugen, zerschlagen. Das St.G. 77 vernichtete französische Artillerie, die St. Quentin beschoß. Lord Gort, der Oberbefehlshaber der britischen Expeditionsstreitkräfte, erhielt die Mitteilung, die Admiralität hoffe, in den zwei Tagen, die für dieses Unternehmen wahrscheinlich noch zur Verfügung ständen, 45 000 Mann zu evakuieren.

Am gleichen Tage, dem 26. Mai, als die ersten aus kleinen Schiffen, Transportfahrzeugen und Zerstörern bestehenden Verbände begannen, die erschöpften Soldaten an der Hafenmole und an der Küste aufzunehmen, erhielt die Luftwaffe den Befehl, ihre Angriffe auf Dünkirchen zu konzentrieren. Rundstedts Panzerverbände stießen vor, um die Entscheidung zu erzwingen. Am 27. Mai war die Evakuierung richtig angelaufen und wurde durch die Kapitulation Belgiens noch beschleunigt. Schon im Morgengrauen trafen die ersten deutschen Flugzeuge ein und griffen Dünkirchen mit den Gruppen des K.G. 1, des K.G. 2 und später des K.G. 54 an. Als die ersten Ju 87 über dem Zielgebiet ankamen, lag Dünkirchen schon in Trümmern. Admiral Ramsey hatte allen verfügbaren Kriegsschiffen — einem Flak-Kreuzer, neun Zerstörern und vier Minenräumbooten — befohlen, die Küste mit Sperrfeuer abzuschirmen und alle kleinen Boote einzusetzen, um den Abtransport der Truppen durch die Kanalfähren und Fischdampfer zu beschleunigen.

Trotz aller Anstrengungen konnten nur 7500 Mann abtransportiert werden. Die Stuka versenkten das große französische Kanalschiff ›Cote d'Azur‹. Die RAF konnte am Brückenkopf nur schwachen Jagdschutz zur Verfügung stellen. Admiral Ramsey meldete:

»Wir hatten mit starker Unterstützung aus der Luft gerechnet, aber statt dessen waren die vor der Küste liegenden Schiffe stundenlang einem mörderischen Hagel von Bomben und Maschinengewehrgeschossen ausgesetzt.«

Der Verfasser der offiziellen Geschichte der britischen Flotte hält dieses Urteil für unfair, weil die britischen Jäger zum großen Teil landeinwärts außerhalb der Sicht der Evakuierungsflotte und der erbitterten Truppen operierten. Auch deutsche Quellen erwähnen ausdrücklich die Teilnahme der RAF an diesen Kämpfen. Aber die britischen Jagdverbände waren in der Tat nicht alle eingesetzt, denn Air Chief Marshal Dowding, der Oberbefehlshaber des Fighter Command, versuchte, eine Jägerreserve zu schaffen, um für die Kämpfe über Großbritannien gerüstet zu sein, die nun kommen mußten.

Das Schicksal war jedoch den britischen Expeditionsstreitkräften günstig, denn während des 28. und 29. Mai wurden die Operationen der Luftwaffe durch schlechtes Wetter behindert. Über den Flugplätzen und Zielgebieten lag eine niedrige Wolkendecke, es regnete. So konnte nicht viel geflogen werden. Die eingesetzten Flugzeuge kamen aus dem gleichen Grund nicht zur vollen Wirkung. So wuchs die Zahl der in Sicherheit gebrachten Truppen allmählich. Aber am 29. Mai klärte sich der Himmel wieder auf, und die deutschen Bombenflugzeuge beherrschten erneut den Luftraum über der Küste.

Die Schiffsansammlungen wurden den ganzen Tag über im rollenden Einsatz mit allen zur Verfügung stehenden Flugzeugtypen bombardiert. Die Verluste stiegen in alarmierender Weise. Das mit der neuen Ju 88 ausgerüstete L.G. 1 konnte einen eindrucksvollen Erfolg für sich buchen, denn es versenkte die ›Clan MacAlister‹ (6787 BRT), die mit Landungsfahrzeugen beladen war, welche die Evakuierung erleichtern sollten. Sie war das größte bei Dünkirchen eingesetzte Schiff und wurde beim Übernehmen der Truppen von Bomben getroffen und in Brand gesetzt. Der Zerstörer ›Malcolm‹ übernahm die Überlebenden. Das brennende Schiff wurde nach einem zweiten Angriff aufgegeben.

So schwer dieser Verlust auch war, die größte Katastrophe traf die Evakuierungsflotte etwas später, als gegen 17.00 Uhr nicht weniger als drei Stukageschwader angriffen. Der Angriff richtete sich gegen die Mole von Dünkirchen, an der sich viele Schiffe drängten und Truppen aufnahmen. Fünf britische und drei französische Zerstörer, drei Passagierschiffe und sechs Trawler hatten dort festgemacht. Nun stürzten sich die Ju 87 geschlossen auf diese Versammlung.

Der Zerstörer ›Grenade‹ wurde von einer schweren Bombe getroffen, die den schlanken Rumpf des Schiffes in ein Leichenhaus verwandelte, auf dem sofort Feuer ausbrach. Die Haltetaue zerrissen und die ›Grenade‹ trieb in die Fahrrinne hinaus. Das angeschlagene Schiff wurde durch weitere Explosionen im Innern zerrissen. Man versuchte verzweifelt, es aus der Hafeneinfahrt hinauszubugsieren.

Schließlich sank es kurz vor der Hafeneinfahrt. Die Verluste waren schwer.

Auch der französische Zerstörer ›Mistral‹ wurde schwer beschädigt, als eine Bombe dicht neben ihm auf dem Kai explodierte. Durch den Detonationsdruck und die Splitter wurden die Aufbauten vollkommen zerstört, aber die beiden Schwesterschiffe der ›Mistral‹, auf denen jeweils 500 Soldaten Aufnahme gefunden hatten, blieben unbeschädigt, obwohl einige Bomben ganz in ihrer Nähe niedergingen.

Der Zerstörer ›Jaguar‹ wurde getroffen und beschädigt, konnte aber ebenso wie die ›Verity‹ noch aus dem Hafen auslaufen und draußen auf Grund gesetzt werden. Die Trawler ›Calvi‹ und ›Polly Johnson‹ erhielten direkte Treffer und brachen auseinander. Der Raddampfer ›Fenella‹ mit 600 Soldaten an Bord erhielt einen Treffer, einige Bomben fielen neben ihm ins Wasser; auch er mußte aufgegeben werden. Ein zweiter Raddampfer, die ›Crested Eagle‹, versuchte, den Angriffen auszuweichen, wurde aber ebenfalls von einer schweren Bombe getroffen. Seine Besatzung und die an Bord befindlichen Truppen erlitten schwere Verluste. Das Schiff trieb brennend an den Strand.

Dieser vernichtende Angriff zwang die Briten dazu, alle Versuche, Truppen an der Mole zu verladen, aufzugeben. Auch die vor der Küste auf offener See vor Anker gegangenen Schiffe mußten schwere Schläge hinnehmen. Zu ihnen gehörten die beiden Eisenbahnfähren ›Lorina‹ und ›Normannia‹, die versenkt wurden. Inzwischen hatte Admiral Ramsey die Meldung erhalten, daß die Mole infolge des Angriffs nicht mehr zum Verladen von Truppen benutzt werden könne. Das erwies sich zwar als falscher Alarm, führte jedoch dazu, daß das Gros der nach Dünkirchen befohlenen Schiffe umdirigiert wurde und an die offene Küste fuhr, wodurch Verzögerungen eintraten und weniger Truppen verladen werden konnten.

Der Verlust der ›Grenade‹ durch Fliegerangriff und der ›Grafton‹ und ›Wakeful‹ durch U-Boot- und Schnellboot-Torpedos zusammen mit der Beschädigung der ›Jaguar‹, ›Gallant‹, ›Greyhound‹ und ›Intrepid‹ bedeutete, daß nun sechs der modernsten Zerstörer der britischen Flotte ausgeschaltet waren. Der Erste Seelord kam zu der Überzeugung, daß derartige Verluste an wertvollen Schiffen nicht weiter vertretbar waren. Deshalb wurden alle großen, modernen Schiffe der

Klassen ›G‹, ›H‹, ›I‹ und ›J‹ von der weiteren Evakuierung abgezogen. Die Masse der Truppen wurde nun von den Zerstörern aufgenommen. Das bedeutete einen schweren Schlag für Admiral Ramsey und seinen Stab. Am folgenden Tage wurden die Einsätze der Bombenflugzeuge durch Regen und Nebel behindert. Dadurch verringerten sich die Verluste. Die modernen Zerstörer erhielten den Befehl, noch einmal in den Hexenkessel hineinzufahren.

Am 1. Juni kreuzten sie vor der Küste auf — ebenso aber auch die Stuka. Ausgerechnet zum Zeitpunkt ihres Eintreffens zwischen 6.00 und 9.00 Uhr hatte sich bei den zum Schutz der Verladungen eingesetzten Jagdflugzeugen der RAF eine zeitliche Lücke von drei Stunden ergeben. Deshalb konnten die Stuka die zahllosen kleinen Schiffe vor dem Brückenkopf unbehindert angreifen.

Der erste Angriff erfolgte um 7.20 Uhr, als die Ju 87 über der brennenden Stadt auftauchten. Die Kriegsschiffe eröffneten das Feuer aus den wenigen Fliegerabwehrgeschützen, die ihnen zur Verfügung standen, und alle Einheiten fuhren auf See hinaus, um dem Angriff durch möglichst geschicktes Manövrieren auszuweichen.

Zuerst wurde das Minenräumboot ›Skipjack‹ mit 275 Mann an Bord getroffen. Es sank wie ein Stein, nur wenige Überlebende konnten sich retten. Dann richtete sich der Angriff gegen den Zerstörer ›Keith‹ mit Admiral Wake-Walker an Bord. Seine Fliegerabwehrgeschütze hatten nur noch 30 Schuß Munition. So blieb dem Schiff nichts anderes übrig als der Versuch, den feindlichen Angriffen im wilden Zickzackkurs auszuweichen.

Beim ersten Angriff fuhr das Schiff gerade mit Ruder hart backbord, als nicht weniger als neun Bomben unter der Steuerbordseite detonierten. Dadurch holte die ›Keith‹ in voller Fahrt über, und die Bordwand wurde schwer beschädigt. Das Ruder verklemmte sich, und sie lief jetzt einen ganz engen Kreis. Bei einem zweiten Angriff fiel eine schwere Bombe in den achteren Schornstein und detonierte im Kesselraum, so daß sie von einer riesigen Dampfwolke eingehüllt wurde. Durch in der Nähe einschlagende Bomben weiter beschädigt und mit einer Schlagseite von 20 Grad nach steuerbord und weniger als 60 cm Freibord blieb sie schließlich liegen.

Ein kleines Schnellboot kam längsseits und nahm den Admiral auf, der seine Flagge dann auf einem anderen Schiff hißte. Während das geschah, wurde der Zerstörer ›Basilisk‹ am Heck von einer Bombe schwer getroffen, wobei acht Mann fielen und vier verwundet wurden. Bei dem Versuch, nach Dover zurückzukommen, mußte das Schiff aufgegeben werden; der französische Trawler ›Jolie Mascotte‹ nahm 77 Überlebende auf. Die ›Whitehall‹ fand später das treibende Wrack der ›Basilisk‹ und versenkte es mit einem Torpedo. Die ›Keith‹ wurde zum drittenmal von einem Stukaverband angegriffen und getroffen, worauf sie kenterte und sank.

Nun waren zwei Zerstörer verloren, während andere von Sturzbombern schwer beschädigt worden waren. Die ›Ivanhoe‹ war getroffen und wurde bewegungsunfähig von dem Schlepper ›Persia‹ in Schlepp genommen. Die ›Worcester‹ hatte Bombentreffer erhalten, war mit einem anderen Schiff kollidiert und erreichte endlich mit letzter Kraft Dover. Die ›Whitehall‹ wurde von Stuka angegriffen und beschädigt, und das kleine Kanonenboot ›Mosquito‹ durch einen direkten Treffer in Brand gesetzt, aufgegeben und später versenkt.

Der Zerstörer ›Havant‹ (ex ›Javary‹) war gerade in Dienst gestellt worden und wurde ebenfalls in den Hexenkessel von Dünkirchen geschickt. Das Schiff befand sich auf seiner vierten Fahrt zum Brückenkopf und hatte sich seit 7.30 Uhr an den Truppenverladungen an der Mole beteiligt. Als die ›Ivanhoe‹ getroffen wurde, kam die ›Havant‹ ihr zu Hilfe. Um 9.00 Uhr fuhr sie vollbeladen mit Überlebenden über den Kanal, als sie von Sturzbombern angegriffen wurde. Zwei Bomben trafen den Maschinenraum und durchschlugen die Steuerbordseite, während eine dritte Bombe fünfzig Meter vor dem Schiff ins Wasser fiel und detonierte, als die ›Havant‹ über diese Stelle fuhr. Das Minenräumboot ›Saltash‹ versuchte, die ›Havant‹ in Schlepp zu nehmen, aber das mißlang. Um 10.15 Uhr legte sie sich nach weiteren Angriffen auf die Seite und sank mit 34 Mann Besatzung und Soldaten.

Es folgte eine kurze Ruhepause, aber um 13.00 Uhr erschienen die Ju 87 wieder über dem Brückenkopf und versenkten weitere Schiffe. Der französische Zerstörer ›Foudroyant‹ näherte sich der Mole, als eine Meute Stuka sich auf ihn stürzte. Von drei Bomben getroffen und eingehüllt in das von einschlagenden Bomben emporgeschleuderte Wasser, kenterte die ›Foudroyant‹ und sank.

Auch die Verluste unter den nicht zur Kriegsflotte gehörenden Schif-

fen erreichten alarmierende Ausmaße. Der zum Minenräumschiff umgebaute alte Raddampfer ›Brighton Queen‹ hatte 700 französische Soldaten an Bord und nahm Kurs auf Dover. Bei einem konzentrierten Stukaangriff wurde das Schiff auf dem Heck von einer 250-Kilo-Bombe getroffen. Durch die Explosion wurde etwa die Hälfte der Soldaten getötet. Die ›Saltash‹ übernahm die Überlebenden, ehe der alte Dampfer unterging. Auch das Passagierschiff ›Prague‹ beförderte 300 französische Soldaten, als es getroffen und beschädigt wurde. Die ›Scotia‹ wurde mit 2000 französischen Soldaten versenkt, unter denen eine Panik ausbrach, als sie versuchten, inmitten des Blutbades die Rettungsboote zu stürmen. Der Zerstörer ›Esk‹ kam längsseits. Es gelang ihm, die Masse der Überlebenden aufzunehmen.
Acht Ju 87 griffen um 16.00 Uhr einen aus kleinen französischen Hilfsfahrzeugen bestehenden Geleitzug an, versenkten in den ersten 30 Sekunden die ›Denis Papin‹ und dann die ›Moussaillon‹ und die ›Venus‹. Trotz der selbstmörderischen Versuche von Überwachungsflugzeugen des Küstenkommandos und der Marineluftwaffe, die Rolle von Jagdflugzeugen wahrzunehmen, konnte der Jagdschutz über dem Brückenkopf nicht konstant aufrechterhalten werden, obwohl diese Flugzeuge, solange sie da waren, ihre Wirkung hatten. Die RAF hat behauptet, sie habe an diesem Tage in diesem Raum nicht weniger als 78 deutsche Flugzeuge abgeschossen. Churchill sagte später, dies sei ein »Sieg in einer Rettung« gewesen. In Wirklichkeit verlor die deutsche Luftwaffe insgesamt 29 Flugzeuge, 12 davon durch Feuer der Schiffsflak; auf der anderen Seite gingen 31 britische Flugzeuge verloren. 31 Schiffe der Evakuierungsflotte wurden versenkt und 11 schwer beschädigt.
Diese hohen Verluste hatten zur Folge, daß der Rest der alliierten Truppen nachts abtransportiert wurde, denn die Luftwaffe flog nachts keine Einsätze. Obwohl die Deutschen in diesem Seegebiet Schnellboote und U-Boote einsetzten, konnten sie in der Dunkelheit die Geleitzüge der Rettungsschiffe nur beunruhigen. Da es den deutschen Flugzeugen jetzt an Zielen fehlte, mußten sie umdisponieren. Noch bevor das Unternehmen bei Dünkirchen zu seinem bemerkenswerten Abschluß gekommen war, wurde die Masse der Stukaverbände auf französische Stellungen angesetzt, um den Vorstoß nach Süden vorzubereiten, der den Abschluß des Feldzuges im Westen bildete.

Ohne Zweifel war die Rettung von mehr als 300 000 Soldaten unter den Augen der siegreichen deutschen Wehrmacht für die Briten schon an sich ein glänzender Sieg. Diese Leistung war um so bemerkenswerter angesichts der Tatsache, daß die Briten selbst nur erwartet hatten, etwa 45 000 Mann fortbringen zu können. Der deutsche Admiral Schniewind hatte das Unternehmen unter den herrschenden Voraussetzungen für undurchführbar gehalten, und der französische Admiral Darland hatte Reynaud gegenüber versichert: »Es wird unmöglich sein, die Evakuierung durchzuführen.«

Am 5. Juni durchbrachen die ausgeruhten und umgruppierten deutschen Land- und Luftstreitkräfte die schwachen französischen Stellungen. Am 14. Juni fiel Paris. Drei Tage später bat die französische Regierung um Waffenstillstandsbedingungen, ohne der dringenden Aufforderung Churchills, sie solle an die »gemeinsame Bürgerschaft« denken, zu folgen. Am 22. Juni kapitulierte Frankreich.

Für die britischen Truppen, die in das Debakel verwickelt waren, wiederholte sich die Geschichte des Rückzuges. Wieder erhielten die britischen Zerstörerflottillen den Auftrag, die Soldaten in Sicherheit zu bringen, obwohl die Flotteneinheiten selbst schwer angeschlagen waren und sich vom ständigen Einsatz und den schweren Verlusten noch nicht erholt hatten. Die Szene verlagerte sich jetzt in die großen französischen Häfen von Le Havre, Cherbourg, Brest, St. Nazaire und La Pallice. Die Orte wechselten, das Geschehen war fast überall das gleiche. Erschöpfte Truppen lieferten dem Gegner verzweifelte Nachhutgefechte und zogen sich auf die Küste zurück, wo die britische Flotte auf sie wartete.

Die Luftwaffe operierte jetzt mit etwas schwächeren Verbänden über allen Verladungshäfen, und erneut entstanden schwere Schiffsverluste. Am 11. Juni wurde der Passagierdampfer ›Bruges‹ vor Dieppe getroffen und versenkt; am Tage zuvor war bereits die ›Bulldog‹ von Stuka getroffen und beschädigt worden. Es gelang dem Zerstörer, nach Portsmouth zu entkommen, aber der schwerste Verlust war das Fahrgastschiff ›Lancastria‹ (16 243 BRT), das vor St. Nazaire bombardiert und mit mehr als 3000 Soldaten versenkt wurde. Dennoch konnten insgesamt 191 000 Soldaten nach England zurückgebracht werden, und zwar über viel weitere Wasserstrecken als bei Dünkirchen.

Nach Unterzeichnung des Waffenstillstandsabkommens beherrschten die Deutschen die gesamte Atlantikküste von der Nordspitze Norwegens bis hinunter an die spanische Grenze. Der Kanal war jetzt die Front, und das britische Inselreich stand unter Belagerung. Die triumphierenden deutschen Streitkräfte erwarteten das Signal zum Beginn der Invasion Großbritanniens, doch zunächst trat eine Kampfpause ein. Hitler hatte gehofft, die Briten würden um Friedensbedingungen nachsuchen, ohne daß es zu einer Invasion kommen müßte, die für ihn sehr verlustreich werden konnte. Ja, er schlug das sogar ganz offen vor. Sollte es nicht dazu kommen, dann würde er die Invasion durchführen, aber erst nachdem die RAF vernichtet sei und die britische Flotte seinen Invasionsstreitkräften nicht mehr im Wege stünde. Dies waren die Aufgaben, denen sich die Luftwaffe jetzt zuwendete.

VIERTES KAPITEL

Der Kanal wird abgeriegelt

Während zahlreiche Verbände der Luftwaffe die Kampfpause dazu nutzten, ihre Ausstattung zu ergänzen und sich zu erholen, und während Hitler darauf wartete, daß die Briten seine Friedensrede beantworteten, erhielt der Kommodore des K.G. 2, Oberst Johannes Fink, Anfang Juli den Sonderauftrag, einen zum Einsatz gegen die feindliche Schiffahrt geeigneten Verband an der Kanalküste aufzustellen. Seine Aufgabe war es, die Straße von Dover für alle englischen Schiffe zu sperren, die schnellen Zerstörer der britischen Flotte aus dem Seegebiet zwischen Portsmouth und Dover zu vertreiben und als Vorbereitung für den Fall, daß eine Invasion sich als notwendig erwies, die Luftüberlegenheit über den Küstengewässern zu gewinnen und zu halten.

Die zwischen Cherbourg und Dieppe stationierten Stuka des VIII. Fliegerkorps unter General der Flieger von Richthofen sollten mit dem ›Kanalkampfführer‹, der seinen Gefechtsstand in einem umgebauten Omnibus auf der Höhe des Felsens an der Spitze des Cap Blanc eingerichtet hatte, von wo aus sich das Kampfgebiet überblicken ließ, zusammenarbeiten. Dies sollte eine Offensive mit beschränktem Ziel sein; ihrem Gelingen sollte dann die Vernichtung der zur Verteidigung der britischen Inseln in Südengland zusammengezogenen britischen Jagdflieger folgen. Das sollte durch Auslösung des Unternehmens ›Adlertag‹ geschehen. Nach Erledigung dieser beiden Aufgaben und nach Gewinnung der Luftüberlegenheit über dem Kanal würde die Invasion folgen. Göring war ganz zuversichtlich und glaubte, seine Luftwaffe könne beide Aufgaben bewältigen. Andere Deutsche glaubten nicht so fest daran.

Fink und Richthofen verfügten über zahlreiche Stukaverbände, die sich an diesen Operationen beteiligen sollten, und im Juli und August kam es zu einer Reihe von immer heftiger werdenden Auseinandersetzungen zwischen den Stuka einerseits und den Zerstörern und

Küstenschiffen andererseits, während deutsche und britische Jagdflugzeuge sich gegenseitig in Luftkämpfe verwickelten.

Am 2. Juli waren die Stukaverbände wie folgt verteilt:

II. Fliegerkorps (Bruno Loerzer) Pas de Calais
II./St.G. 1 und IV. (Stuka)/L.G. 1.

VIII. Fliegerkorps (Wolfram von Richthofen)
St.G. 77 — Flers. St.G. 2 — Falaise. St.G. 1 — Cherbourg.

Die 7./St.G. 51 war, bis sie als 4./St.G. 1 neu aufgestellt wurde, dem VIII. Fliegerkorps unterstellt. Im weiteren Verlauf kam später das St.G. 3 hinzu.

Am zweiten Tage des Unternehmens lieferten die Stuka einen wesentlichen Beitrag dazu, den Kanal von Schiffen zu säubern. Der atlantische Geleitzug O.A. 168 war in die Straße von Dover eingelaufen und wurde von deutschen Aufklärungsflugzeugen vor Portland gesichtet. Die RAF hatte der Admiralität am Tage zuvor mitgeteilt, es sei die Pflicht des Fighter Command, das Vereinigte Königreich zu verteidigen und nicht die Schiffahrt zu schützen. Aber eine so einfache Verteilung der Verantwortlichkeiten ließ sich nicht aufrechterhalten und mußte am Tage des Stukaangriffs aufgegeben werden.

Die 90 Stuka des St.G. 2 wurden geschlossen gegen den unglücklichen Geleitzug eingesetzt, der nur durch die Schiffsflak geschützt wurde. Das Ergebnis war verheerend. Während zwei Gruppen den Geleitzug in vorschriftsmäßiger Form angriffen, schwenkte die dritte über Portland ab und richtete dort erhebliche Zerstörungen an.

Vier große Schiffe des Geleitzuges mit insgesamt 16 000 BRT wurden versenkt, weitere neun wurden getroffen und beschädigt, einige schwer. Das bedeutete den Verlust weiterer 40 000 BRT. Im Hafen von Portland wurden zwei Schiffe getroffen. Das St.G. 2 verlor durch Flak nur eine einzige Ju 87 B. Der Geleitzug war nicht völlig wehrlos, denn zu seinen Begleitfahrzeugen gehörte das Flak-Hilfsschiff ›Foylebank‹.

Dieses Schiff war zwar nur ein umgebautes Handelsschiff, besaß jedoch die Flak-Kapazität eines Kreuzers mit acht 10,2-cm-Geschützen in Zwillingstürmen, zwei 4-cm-Vierlings-Schnellfeuergeschützen und vier der neuen 2-cm-Oerlikons. Das Schiff war sehr gut ausgerüstet, besaß Radargeräte als Warnsysteme gegen feindliche Schiffe und Flugzeuge und automatische Zieleinrichtungen. Es war also kein leichtes Ziel, aber dennoch gelang es den Stuka Richthofens ohne Schwierigkeiten, die ›Foylebank‹ im Hafen von Portland zu versenken.

Der Schock, den diese Niederlage verursachte, löste in der Admiralität und beim Luftfahrtministerium weitere Reaktionen aus. In einer scharfen Note erhielt Dowding von Churchill den Befehl, künftig alle Geleitzüge auf der Fahrt durch den Kanal von sechs Begleitjägern schützen zu lassen. Die Flotte, die durch die schweren Verluste in den heimatlichen Gewässern erschüttert war, ließ keine atlantischen Geleitzüge mehr durch den Kanal fahren, sondern dirigierte sie auf die Nordpassage um. Von nun an durften nur noch kleine örtliche Geleitzüge die Fahrt durch den ›englischen‹ Kanal riskieren.

Um die RAF zum Einsatz ihrer wertvollen Jäger zu veranlassen, ließ Fink am 7. Juli schwache Stukaverbände mit starkem Jagdschutz über Portsmouth und Spithead operieren. Aber Dowding ließ sich nicht provozieren. Da sie keine anderen lohnenden Ziele finden konnten, bombardierten die Stuka eine Küstenbatterie auf der Isle of Wight. Am 9. Juli versenkten sie vor Sandwich das Küstenschiff ›Kenneth Hawksfield‹.

Am 11. Juli hatten die Stuka ebenfalls Pech. Zwar sichtete ein Verband von 10 Ju 87 um 7.00 Uhr morgens vor Portland einen Geleitzug und griff ihn an, aber die deutschen Flugzeuge wurden von britischen Hurricanes abgedrängt und konnten kein einziges Schiff versenken. Sie versenkten schließlich die alte bewaffnete Yacht ›Warrior II‹, die als Patrouillenboot vor der Küste zur Aufklärung gegen die deutsche Invasion eingesetzt war. Bei anderen kleineren Unternehmen gingen zwei deutsche Flugzeuge verloren.

Aufgrund des schlechten Wetters über dem Kampfgebiet ließ die Lufttätigkeit nach, obwohl die Sturzbomber überall eingesetzt wurden, wo es möglich war. Die IV. (Stuka)/L.G. 1 richtete mit drei Staffeln am Nachmittag des 14. Juli einen schweren Angriff gegen einen Geleitzug vor Dover und beschädigte die Küstenschiffe ›Betswood‹ und ›Bovey Tracey‹. Fünf Tage später führte der Verband ein ähnliches Unternehmen im gleichen Gebiet durch; die Stuka griffen den Hafen von Dover an, der von der 4. Zerstörerflottille als Anti-Invasions-Stützpunkt verwendet wurde.

Das bei weitem größte Unternehmen in dieser sonst ruhigen Zeit fand am 20. Juli statt, als der Geleitzug ›Bossum‹ etwa 10 Meilen vor Dover von deutschen Aufklärern ausgemacht worden war. Die beiden Zerstörer ›Brazen‹ und ›Beagle‹ von der 4. Flottille hatten den Geleitschutz übernommen.

Den Angriff führte die II./St.G. 1 unter Hauptmann Keil. Sein Verband griff den Geleitzug um 17.38 Uhr im Sturzflug an, gerade in dem Augenblick, als Begleitjäger von der britischen 32. Squadron Verbindung mit den Schiffen aufgenommen hatten. Aber die Begleitjäger des Stukaverbandes, Bf 109 und Bf 110, drängten die britischen Jäger sehr bald ab. Die Stuka setzten ihren Angriff fort, versenkten den Kohlendampfer ›Pulborough I‹ und beschädigten ein zweites Schiff. Andere Stuka nahmen die Zerstörer aufs Korn, wobei die ›Beagle‹ durch die Splitter einer ganz in der Nähe ins Wasser gefallenen Bombe beschädigt wurde. Die ›Brazen‹ hatte nicht soviel Glück. Sie wurde getroffen und so schwer beschädigt, daß sie in Schlepp genommen werden mußte und am nächsten Tage sank. Obwohl der Zerstörer meldete, er habe drei Sturzbomber abgeschossen, verlor der Verband des Hauptmanns Keil bei diesem Angriff kein einziges Flugzeug.

Der Verlust des Zerstörers war ein schwerer Schlag, denn die Flotte setzte für die Abwehr einer Invasion große Hoffnungen auf ihre Zerstörerverbände, die sich, wie man glaubte, wegen der hohen Geschwindigkeit dieser Schiffe am besten gegen Luftangriffe schützen könnten. Der Oberbefehlshaber der Home Fleet wollte im Süden innerhalb der Reichweite der deutschen Bombenflugzeuge nur ungern schwere Einheiten einsetzen, aber in den Häfen Harwich, Sheerness und Dover waren nicht weniger als 36 Zerstörer stationiert. Wenn es den Stuka gelang, diese Kriegsschiffe aus dem Kanal zu vertreiben, dann gab es für die verschiedenen kleineren und langsameren Einheiten, die man zur Abwehr der Invasion versammelt hatte, kaum mehr eine Chance.

Dover, das nur neun Flugminuten von der gegenüberliegenden Kanalküste entfernt war, war besonders verwundbar. Die 4. Flottille operierte in vorderster Linie. Sie war ein typischer Zerstörerverband jener Zeit und hatte ursprünglich aus acht verhältnismäßig modernen Schiffen mit je 1400 ts bestanden, die mit vier 12-cm-Geschützen und acht Torpedorohren ausgestattet waren. Der Flottillenführer

›Keith‹ war etwas größer als die übrigen Einheiten des Verbandes. Die Bewaffnung der britischen Zerstörer eignete sich jedoch nur schlecht für die Abwehr entschlossen geführter Stukaangriffe.
Bis zum Mai war die Stärke der Flottille auf acht Schiffe zurückgegangen. Sie hatte, wie wir oben gesehen haben, schwer unter den Angriffen der Ju 87 gelitten. Am 1. Juni waren die ›Keith‹ und die ›Basilisk‹ vor Dünkirchen versenkt worden. Am 10. Juni wurde die ›Bulldog‹ schwer beschädigt, und am 13. Juni war die ›Boadicea‹ vor Portland durch einen Lufttorpedo außer Gefecht gesetzt worden. Nach dem Verlust der ›Brazen‹ bestand die Flottille nur noch aus drei Einheiten. Doch auch sie sollten ihre Schwesterschiffe nicht lange überleben.
Das klare Wetter über dem Kanal und die Tatsache, daß die Briten ihre Geleitzüge auch jetzt noch durch den Kanal fahren ließen, führten Ende Juni zu einer raschen Eskalation der Kämpfe an den Engstellen des Kanals. Am 25. Juni versuchte der große Geleitzug C.W. 8 am Morgen die Passage durch die Straße von Dover zu erzwingen. Zunächst waren es 21 Küstenschiffe, deren Geleitschutz zwei bewaffnete Fischdampfer übernommen hatten. Am Spätnachmittag befand sich der Verband vor Deal. Vom Gefechtsstand des Obersten Fink aus hatte man geduldig beobachtet, wie das kleine Geschwader den ganzen Tag über durch den Kanal dampfte. Nun wurden die Sturzbomber zum Einsatz befohlen, um es zu zerschlagen.
57 Stuka in drei Wellen, denen starke Jagdverbände Begleitschutz gaben, griffen den Geleitzug an, der rasch auseinandergesprengt wurde. Die III./St.G. 51 flog den ersten Angriff, versenkte die beiden Küstenschiffe ›Ajax‹ und ›Coquetdale‹, beschädigte die ›Empire Crusader‹ und warf einen kleinen Tanker in Brand, der 24 Stunden lang wie eine Fackel loderte. Weitere Angriffe der II./St.G. 1 versenkten das Zementschiff ›Summity‹ und das Kohlenschiff ›Henry Moon‹. Zwischen den zum Begleitschutz eingesetzten Jagdflugzeugen der britischen 54. Squadron und den deutschen Begleitjägern kam es zu schweren Luftkämpfen. Der Stukaverband selbst verlor nur zwei Maschinen vor Dover.
Als der Geleitzug schließlich nur noch eine Masse brennender und sinkender Schiffe war, fühlten sich die Deutschen sicher genug, eine Schnellbootflottille bei Tageslicht auslaufen zu lassen, um das Werk der Zerstörung zu vollenden. Aber das war doch etwas unklug. Wenn

sich auch die britische Flotte der Stukaangriffe nicht erwehren konnte, so war sie doch immer noch durchaus in der Lange, feindliche Schiffe zu bekämpfen. Die Zerstörer ›Brilliant‹ und ›Boreas‹ liefen sofort aus dem Hafen von Dover aus und stellten die Schnellboote zum Gefecht. Diese nebelten sich ein und mußten sich in aller Eile zurückziehen, aber einige mußten doch Treffer einstecken und Schäden hinnehmen. In ihrem Eifer, den Feind zu schlagen, ließen sich die beiden Zerstörer zu einer Verfolgungsjagd verführen und fuhren dem deutschen Schnellbootverband fast bis Calais nach, ein etwas unvorsichtiges Unternehmen.

Fink befahl seinen Ju 87, die Zerstörer anzugreifen. Er ärgerte sich darüber, daß ›zwei kleine Schiffe‹ es gewagt hatten, sein Unternehmen zu stören. 24 Stuka fingen die Zerstörer drei Meilen vor Dover ab und brachten ihnen schwere Beschädigungen bei. Die ›Boreas‹ wurde von zwei Bomben auf der Brücke getroffen; dabei wurden 50 Mann getötet oder verwundet. Die ›Brilliant‹ erhielt zwei Treffer auf dem Heck. Die Bomben durchschlugen das Achterdeck, detonierten aber zum Glück nicht. Beide Schiffe erreichten gerade noch den Hafen. Dies wäre also beinahe das letzte Mal gewesen, daß die 4. Flottille in die Schlacht im Kanal eingreifen konnte.

Von den 21 Schiffen, aus denen der Geleitzug C.D. 8 bestanden hatte, waren innerhalb weniger Stunden von den Stuka fünf versenkt und sechs beschädigt worden; bei dem darauf folgenden Schnellbootangriff konnten weitere drei versenkt werden. Das war genug. Die Admiralität war jetzt gezwungen, die Überlegenheit der Stuka anzuerkennen, und verbot ab sofort allen Geleitzügen die Benutzung des Kanals im Raum Dover.

Nachdem der Geleitzugverkehr gestoppt worden war, wandten Fink und Richthofen ihre Aufmerksamkeit dem Rest der Zerstörerverbände in diesem Raum zu. Am 27. Juni wurde noch der kleine Geleitzug ›Bacon‹ von der I./St.G. 77 vor Swanage angegriffen, aber die Aufmerksamkeit der Luftwaffe konzentrierte sich jetzt auf die Kriegsschiffe. Maschinen vom Typ Ju 88 griffen den Hafen von Dover an, versenkten den Flottillenführer ›Codrington‹ vor der Hafeneinfahrt und beschädigten den Zerstörer ›Walpole‹ schwer, der im Hafenbecken längsseits des Magazinschiffes ›Sandhurst‹ lag. Das Wrack wurde in Schlepp genommen und nach Chatham in Sicherheit gebracht. An der

Küste vor Suffolk operierende He 111 versenkten zur gleichen Zeit den Zerstörer ›Wren‹ und beschädigten die ›Montrose‹.

Nach einem weiteren schweren Angriff am 29. Juni, bei dem 48 Ju 87 — das waren sechs Staffeln von der IV. (Stuka)/L.G. 1 und der II./St.G. 1 — begleitet von 80 Bf 109 den Hafen im Sturzflug angriffen und das Patrouillenboot ›Gulzar‹ versenkten, wurde Dover als vorgeschobene Basis schließlich aufgegeben. Am gleichen Tage wurde der Zerstörer ›Delight‹ bei einem Tiefangriff durch einen Volltreffer und eine in unmittelbarer Nähe einschlagende Bombe versenkt. Vier deutsche Stuka gingen verloren.

Die Admiralität verbot nun jeden Einsatz von Zerstörern im Kanal bei Tage, obgleich einige höhere Offiziere immer noch der Meinung waren, Zerstörer müßten unter Ausnutzung ihrer hohen Geschwindigkeit und Manövrierfähigkeit Fliegerangriffen eigentlich ausweichen können. Das mochte vielleicht bei der Abwehr einer Invasionsflotte der Fall sein; aber für Begleitschiffe eines Geleitzuges mußten andere Methoden gefunden werden.

Es folgte eine Kampfpause. Den Deutschen fehlte es aufgrund ihrer Erfolge an lohnenden Zielen; außerdem waren sie voll damit beschäftigt, sich auf die nächste Phase des Krieges vorzubereiten, bei der die Angriffe sich nicht mehr gegen die Schiffahrt, sondern gegen Häfen, Radarstationen und Verteidigungsanlagen an der Südküste Englands richten sollten. Die Briten nahmen indessen Veränderungen in der Verteidigungsstruktur der Küstenschiffahrt vor. Sie wußten, daß diese weiterhin notwendig war, kamen aber zu der Entscheidung, daß die gefährlichste Strecke, nämlich die Durchfahrt durch die Straße von Dover, nur noch bei Nacht passiert werden durfte.

Weitere Maßnahmen wurden ergriffen: Die Schiffe schützten sich mit Fesselballons, es wurde ein Freiwilligenverband von Flakbedienungen gebildet, dessen Angehörige jeden Geleitzug begleiteten. Der Jagdschutz der Geleitzüge wurde verstärkt, und die Zerstörer der modernen ›Hunt‹-Klasse, von denen die ersten jetzt in Dienst gestellt wurden und die stark mit Flak bestückt waren, übernahmen den Schutz. Zunächst erschienen diese neuen Maßnahmen als geeignete Lösung, denn der erste Geleitzug, der so ausgerüstet war — der C.E. 8 —, passierte unbehindert die Strecke von Folkestone bis zur Themse. Die Briten wußten aber nicht, daß Oberst Fink sich auf Radargeräte vom

Typ ›Freya‹ stützen konnte, dessen Reichweite 1200 Kilometer betrug. Diese erfaßten jede Bewegung des sich sicher fühlenden Geleitzuges. Als der nach Westen laufende Gegengeleitzug den Sammelplatz vor Southend am Abend des 7. August verließ, war Fink bereit.

Der C.W. 9 passierte noch in derselben Nacht Dover und traf dann auf deutsche Schnellboote, die hier auf ihn gewartet hatten. Sie versenkten drei Schiffe und beschädigten zwei. Bei Morgengrauen war der Geleitzug dann vollkommen durcheinandergeraten. Nach einem Störangriff eines kleinen Verbandes von Ju 87 am Vormittag geriet er noch mehr auseinander. Die Zerstörer ›Bulldog‹ und ›Fernie‹ kamen von Portsmouth heran, um die kleinen Schiffe wieder zu versammeln, aber ehe ihnen das gelang, holte Fink zu dem — wie er glaubte — entscheidenden Schlag aus.

Das St.G. 1 hatte am Vormittag den ersten Angriff durchgeführt und dabei zwei Flugzeuge verloren. Die zweite Welle traf vor der Isle of Wight auf den Geleitzug. 57 Stuka aus verschiedenen Verbänden stießen über den englischen Schiffen jedoch auf den energischen Widerstand britischer Jäger, die ihnen schwere Verluste beibrachten. Hier waren die mit 8 Maschinengewehren ausgerüsteten Hurricanes und Spitfires der RAF zum erstenmal an die niedrig fliegenden Ju 87 herangekommen. Das Ergebnis dieses einseitigen Gefechtes war zwangsläufig.

Die I./St.G. 3 verlor drei Maschinen, eine wurde beschädigt; bei der I./St.G. 2 und der III./St.G. 2 wurde je eine Maschine abgeschossen. Die II./St.G. 77, die in der dritten Welle angriff, wurde dezimiert: sie verlor drei Flugzeuge, fünf wurden beschädigt. Als 82 Stuka der Verbände Richthofens weitere Schiffsansammlungen in der Bucht von Weymouth angriffen, stießen auch sie auf starken Widerstand. Aber dies genügte nicht, die schweren Schläge gegen den Geleitzug C.W. 9 abzuwehren. Vier Handelsschiffe wurden versenkt, sechs schwer beschädigt; sechs kleine Rettungsschiffe, die zu Hilfe kommen wollten, wurden ebenfalls von den Stuka angegriffen und vernichtet. Die Deutschen erlitten jedoch die bisher schwersten Verluste. Acht Ju 87 wurden abgeschossen. Adolf Galland, der mit dem Jagdgeschwader 26 Begleitschutz für die Stukagruppen flog, schreibt über die ersichtlich gewordenen Schwierigkeiten und sagt, die geringe Geschwindigkeit der Ju 87 habe sich sehr ungünstig ausgewirkt. Aufgrund der schweren Bombenlast habe das Flugzeug im Sturzflug nur 250 Stundenkilometer erreicht. Da der Sturzflug zwischen 3000 und 5000 Meter Höhe angesetzt werden mußte, seien die Spitfires und Hurricanes von den Stuka angezogen worden wie Bienen vom Honig. Solche Unternehmen erforderten einen starken Jagdschutz, und diese Aufgabe sei für die Piloten besonders schwierig gewesen. Die Briten hätten sehr bald festgestellt, daß die Sturzbomber, wenn sie außerhalb des Verbandes einzeln ihre Ziele anflogen, praktisch wehrlos gewesen seien, bis sie wieder die geschlossene Formation erreicht hätten. Die Deutschen hätten immer wieder versucht, diesen Nachteil auszugleichen. Den Jägern mit ihrer höheren Geschwindigkeit sei es jedoch nicht möglich gewesen, den Stuka ohne Sturzflugbremsen in den Sturzflug zu folgen. Ebenso unmöglich sei es jedoch gewesen, im Zeitraum zwischen dem Beginn des Sturzfluges und dem Abfangen auf allen Höhen Jagdschutz zu geben.

Für die gegnerischen Jäger war es natürlich ebenso unmöglich, die Stuka während des Sturzflugs anzugreifen, denn für die Angreifer galten die gleichen Probleme wie für die Begleitjäger. Für die Stuka lag die eigentliche Gefahr nach dem Abfangen, wenn sie hochzogen und versuchten, sich zum Verbandsflug zu ordnen. Galland scheint dies nicht erkannt zu haben. Die Verluste der Stuka hatten jedoch noch keine alarmierende Größenordnung erreicht. Die Ergebnisse ihrer Angriffe waren eindrucksvoll. In der offiziellen Geschichte des Seekrieges heißt es dazu:

»Die feindlichen Angriffe waren deshalb besonders ernst zu nehmen, weil auf ihrem Höhepunkt eines von drei Schiffen bei Geleitzügen beschädigt oder versenkt wurde. So hohe Verlustziffern konnten auf die Dauer dazu führen, daß es unmöglich wurde, Besatzungen für die Schiffe aufzutreiben.«

Zum Glück für die britische Flotte entschloß sich Göring jetzt, die nächste Phase seines Kriegsplans einzuleiten. Er glaubte, die Zeit für den lang gehegten ›Adlertag‹ sei gekommen. Vom 13. August an wandten sich die Stukaverbände neuen Zielen zu und richteten ihre Angriffe weniger gegen die angeschlagenen Geleitzüge als gegen Flugplätze und Radarstationen. Die Besatzungen der kleinen Schiffe atmeten auf.

Der letzte Angriff gegen einen Geleitzug fand am 12. August statt, als 22 Ju 87 der IV.(Stuka)/L.G. 1 unter Hauptmann von Brauchitsch eine Schiffsansammlung vor der Themsemündung angriffen und auf zwei Schiffen Treffer erzielten. Bis Ende dieser Phase des Luftkrieges hatten die Briten etwa 24 000 BRT Schiffsraum verloren.

Das Unternehmen ›Adlertag‹ begann am 13. August um 7.40 Uhr, aber die Stuka wurden erst am Spätnachmittag eingesetzt. 52 Ju 87 vom St.G. 77 erhielten den Auftrag, Geleitzüge und Einrichtungen der britischen Kriegsflotte vor Portland anzugreifen. Zum Glück für die Schiffe war das Wetter über dem Zielgebiet schlecht. Der Angriff schlug fehl. Schlechter — vom deutschen Standpunkt aus — war die Tatsache, daß 15 Spitfires von der britischen Jagdsquadron No. 609 die Stuka abfangen und fünf von ihnen abschießen konnten. Der Verlust von 10 Prozent beim ersten Einsatz war ein schlechtes Vorzeichen für die Stukaverbände.

Die IV. (Stuka)/L.G. 1 hatte mehr Glück. Ihr Angriffsziel war der Flugplatz des Küstenkommandos in Detling, auf dem Bombenflugzeuge vom Typ Anson der 500. Squadron stationiert waren. 40 Stuka erreichten um 17.15 Uhr den Zielraum und führten einen klassischen Angriff. Das ganze Rollfeld wurde mit Treffern eingedeckt; 22 Bombenflugzeuge sowie Flugzeughallen und Reparaturwerkstätten wurden zerstört, ohne daß eine einzige Ju 87 verlorenging.

Ein Unternehmen des St.G. 2 gegen den Flugplatz Rochford blieb wegen des Wetters erfolglos. 46 Sturzbomber waren beteiligt, aber keiner konnte eine Bombe werfen. Alle mußten mit ihren Bomben zum eigenen Stützpunkt zurückkehren.

Ab 15. August nahm die Zahl der Angriffe zu. Gegen Mittag vereinigten sich die II./St.G. 1 unter Hauptmann Keil und die IV. (Stuka)/L.G. 1 zu einem Unternehmen gegen die Flugplätze bei Lympne und Hawkinge. Diese Angriffe richteten wieder schweren Schaden an. Der Flugplatz von Lympne konnte zwei Tage lang nicht benutzt werden. Weitere Schläge von 40 Ju 87 der I./St.G. 1 unter Hauptmann Hozzel und der II./St.G. 2 unter Hauptmann Enneccerus richteten sich gegen Ziele im Raum Portland. Das waren Ablenkungsmanöver, durch welche die britischen Jäger nach Westen abgezogen werden sollten. Sie nahmen den Köder aber nicht an, und die deutschen Verbände hatten keine Verluste.

Zu den am Nachmittag des 16. August angeflogenen Zielen gehörte auch der Flugplatz von Tangmere. Das St.G. 2 bombardierte Bodeneinrichtungen und das Stabsgebäude und richtete schwere Schäden an, mußte aber selbst erhebliche Verluste hinnehmen. Neun Stuka wurden abgeschossen und drei schwer beschädigt. So hohe Verluste konnten sich die Deutschen nicht leisten, auch wenn sie bei diesen Angriffen 14 britische Flugzeuge am Boden zerstört hatten.

Fünf Stuka griffen die Radarstation bei Ventnor an, warfen 22 Bomben auf das Ziel und schalteten die Station aus. Zu den anderen Angriffszielen gehörte der Flugplatz der britischen Marineflieger in Gosport. Zur gleichen Zeit wurde Lee-on-Solent von einem Verband Ju 88 angegriffen. In Gosport wurden beide Haupthallen getroffen und brannten aus. So unglaublich es klingen mag: als die Stuka angriffen, standen die Flugzeuge der Marineflieger sauber ausgerichtet auf dem Rollfeld, als befände man sich mitten im Frieden. Eine so günstige Gelegenheit gab es nicht oft. Der Angriff hatte eine verheerende Wirkung. Als die Stuka Kurs Heimat nahmen, waren die Startbahnen von den Trümmern britischer Maschinen der Typen Albacore, Skua und Roc bedeckt.

Am 17. August trat eine Kampfpause ein, aber am Tag darauf starteten erneut starke Stukaverbände zum Feindflug. Es sollte das letzte größere Unternehmen dieser Art sein, denn am gleichen Tage erlitten die Ju 87 die bisher schwersten Verluste. Richthofen setzte vier Stukagruppen gegen Gosport, Thorney Island und die Flugplätze von Ford an, während andere die Radarstation von Poling anflogen.

Zuerst erreichte die I./St.G. 77 mit 28 Stuka unter Hauptmann Meisel das Zielgebiet. Die Gruppe griff wie geplant Poling an und beschädigte die Radarstation schwer. Aber als die Maschinen aus dem Sturzflug abfingen und sich zum Verbandsflug ordnen wollten, wurden sie von den Spitfires und Hurricanes der 152. und 43. Squadron angegriffen und dezimiert. 12 deutsche Maschinen, darunter auch die von Meisel, wurden abgeschossen und 6 weitere beschädigt. Die II. und die III./St.G. 77 mit 27 bzw. 30 Flugzeugen bombardierten Thorney Island und Ford mit guter Wirkung, erlitten aber ebenfalls erhebliche Verluste. Das St.G. 77 verlor bei diesem Einsatz 14 Ju 87; 8 Maschinen wurden beschädigt. Das waren 20 Prozent Verluste. Es gab keine

Alternative; die Stukaverbände wurden aus dem Kampf gezogen und im Raum Calais zusammengezogen.

Hier sollten sie dem Heer zur Unterstützung der Bodentruppen in der klassischen Form zur Verfügung stehen, wenn die Luftüberlegenheit gewonnen war. Dieses Ziel zu erreichen überließ man jetzt den schnelleren mittleren Bombern der Typen Do 17, He 111 und Ju 88. Ohne eigene Luftüberlegenheit konnten die Stuka nicht mehr operieren, aber was ihnen nicht gelungen war, wollte jetzt auch den schweren Bombenflugzeugen nicht gelingen. Die Angriffe gingen bis zum Oktober weiter, brachten aber keine Entscheidung — und dabei plante Hitler schon den Ostfeldzug.

Die Stukaverbände wurden allmählich zurückgenommen, um sich auf andere Aufgaben vorzubereiten, aber im November entschloß man sich dazu, sie noch einmal gegen Schiffsziele einzusetzen. Zu Beginn hatten sie ermutigende Erfolge. Am 1. November griff die 1./St.G. 1 vor Margate Schiffe in der Themsemündung an. Es folgten Angriffe der 3./St.G. 3 am 8. November und der 9./St.G. 1 am 11. November gegen Geleitzüge im gleichen Seegebiet. Bei diesen Unternehmen wurden sieben feindliche Handelsschiffe versenkt.

Aber am 14. November hatten die Briten starke Jagdverbände bereitgestellt. Ein Einsatz der III./St.G. 1 unter Hauptmann Mahlke wurde von diesen Jägern abgefangen. Ein ganzes Jagdgeschwader sollte den Schutz der Stuka übernehmen, konnte die eigenen Bombenflugzeuge im schlechten Wetter jedoch nicht finden. Die Gruppe verlor ein Viertel ihrer Flugzeuge. Das war der letzte Schlag gegen die Stukaverbände. Als an der Küste Englands dann der Winter einsetzte, mußten alle weiteren Angriffe der Stuka gegen Großbritannien eingestellt werden.

FÜNFTES KAPITEL

Auftakt im Mittelmeerraum

In einem offiziellen Bericht des britischen Luftfahrtministeriums heißt es: »Am 19. August wurde das VIII. Fliegerkorps mit 220 der insgesamt hier eingesetzten 280 Ju 87 aus dem Raum Cherbourg abgezogen und der Luftflotte 2 im Pas de Calais unterstellt. Diese Maßnahme war nicht nur ein Hinweis darauf, daß es den Deutschen klargeworden war, der Stuka habe bei seinen Angriffen gegen Schiffsziele versagt, sondern sie war zugleich eine Umgliederung von Kräften zur Vorbereitung der Invasion.«*

Die Behauptung, der Stuka habe bei Angriffen gegen die Schiffahrt versagt, war irreführend, denn die Ju 87 hatte als fast einziges Flugzeug beider Seiten bewiesen, daß sie mit ihren Bomben Schiffe treffen konnte. Was die Maßnahme rechtfertigte, war die Tatsache, daß der Stuka unterlegen war, wenn er sich ohne ausreichenden Begleitschutz starken britischen Jagdverbänden stellen mußte. Das ist alles, was bewiesen werden kann; und daß es den schnelleren mittleren Bombenflugzeugen der deutschen Luftwaffe später gleich ging, wird bei dieser summarischen Abwertung des Stuka durch die RAF übersehen.

Von der starken Abwehr über Südengland abgeschlagen, hatten die Stukaverbände immer noch wichtige Aufgaben zu übernehmen. Aber nachdem das ›Unternehmen Seelöwe‹ abgeblasen worden war, sollten sie zunächst im Süden über den von der Sonne beschienenen Gewässern des Mittelmeers Verwendung finden.

Die britische Flotte hatte das Mittelmeer seit mehr als einem Jahrhundert beherrscht. Die Ereignisse in der zweiten Hälfte des Jahres 1940 bestätigten nur die Tatsache, daß auch die neue italienische Flotte nichts daran ändern konnte. Seit der italienischen Kriegserklärung hatte sich die Aktivität der Flotte auf das Mittelmeer konzentriert,

---

* ›The Rise and Fall of the German Air Force‹, Pamphlet 248 (1948).

und die Briten konnten einige eindrucksvolle Siege für sich buchen, die viel dazu beitrugen, die gedrückte Stimmung im belagerten Inselreich Großbritannien zu heben.

Die Kampfhandlungen vor Kalabrien im Juli und bei Spartivento im November 1940 sowie zahlreiche kleinere Unternehmen hatten durchweg das gleiche Ergebnis: die Niederlage oder die Flucht der italienischen Flotte. Auch die Versuche der zahlenmäßig starken Regia Aeronautica hatten das Gleichgewicht der Kräfte nicht zugunsten der Italiener verändern können. Da die italienischen Flugzeuge ihre Bomben fast nur aus großen Höhen abwarfen, brachten ihre Angriffe den britischen Flotteneinheiten nur geringe Schäden und Verluste bei. Gefährlicher waren die italienischen Torpedobomber, die Aerosiluranti, aber zu dieser Zeit bestand erst eine verhältnismäßig kleine Einheit.

Die italienischen Bomberverbände waren sehr aktiv. Immer wieder führten sie massive Angriffe gegen britische Schiffe und Geleitzüge. Ein Pilot der britischen Marineluftwaffe, der auf der ›Ark Royal‹ stationiert war, schreibt:

»Sie flogen immer wieder im perfekten Verbandsflug in gleicher Höhe an. Trotz unserer Angriffe behielten sie die Flugrichtung bei, erst über unseren Schiffen gab ihr Kommandeur den Befehl zum Bombenabwurf. Blickte man hinunter auf die Flotte, dann konnte man überall nur detonierende Bomben sehen und dachte, leb wohl, ›Ark‹, wo soll ich jetzt nur landen? Aber nach kurzer Zeit steckte dann der erste Zerstörer die Nase aus Rauch und Gischt, bis schließlich ein Schiff nach dem anderen und auch die ›Ark Royal‹ wieder sichtbar wurde, ohne Treffer, als wäre nichts gewesen.«*

Es bedeutet keinen Zweifel an der Tapferkeit der italienischen Piloten der SM 79, wenn wir sagen, daß bei den Bombenangriffen aus großer Höhe gegen Schiffe auf hoher See in der Zeit von Juni bis Dezember 1940 bestenfalls recht kümmerliche Ergebnisse erzielt wurden, wenn man diese mit den recht erheblichen Anstrengungen der Italiener vergleicht. Sie erkannten das sicher auch selbst. Im Lauf der folgenden zwei Jahre wurden die meisten italienischen Bombergruppen auf die zum Torpedobomber umgebaute SM 79 umgestellt, während andere

---

* Interview mit Commander R. C. Hay, 1969.

mit Ju 87 aus deutschen Lieferungen ausgestattet wurden, die jetzt den Namen Picchiatello erhielten.
Wie um die Seeherrschaft im ›Mare Nostrum‹ zu besiegeln, verstärkte die Royal Navy die Flotte des Admirals Cunningham noch durch den Flugzeugträger ›Illustrious‹. Das war der erste der neu für die britische Flotte gebauten Flugzeugträger. Die ›Illustrious‹ war größer als die ›Ark Royal‹ und besaß als erster Flugzeugträger ein gepanzertes Flugdeck, ein Umstand, der sich im Verlauf der Kämpfe als besonders vorteilhaft erwies. Diese drei Zoll dicke Panzerung war dafür gedacht, den Einschlägen von 250-Kilo-Bomben zu widerstehen. Das waren die schwersten Bomben, mit denen man damals rechnete. Die Idee war revolutionär. Die anderen Seemächte hielten nichts davon, denn dadurch verringerte sich die Zahl der Flugzeuge, die der Träger mit sich führen konnte.
Es dauerte nicht lange, bis die ›Illustrious‹ zeigen konnte, was in ihr steckte. Im November 1940 ließ sie ihre veralteten Swordfish-Torpedobomber gegen die, durch Netze und Fesselballons geschützt, bei Tarent liegende italienische Flotte starten. Dabei wurden drei der sechs Schlachtschiffe der Flotte des Duce versenkt.
Diese Demütigung seines Verbündeten, gekoppelt mit den Niederlagen, welche die Italiener bei dem Versuch einer Invasion Griechenlands hatten einstecken müssen, war für Hitler der Anlaß zum Eingreifen. Obwohl er sich schon mit dem ›Unternehmen Barbarossa‹, dem geplanten Angriff auf die Sowjetunion, beschäftigte, entsandte er einen kleineren Panzerverband, das Afrikakorps, nach Libyen, um den hier in Bedrängnis geratenen Italienern den Rücken zu stärken. Um der britischen Flotte die Seeherrschaft im mittleren Mittelmeer zu entringen — was notwendig war, um die Versorgung des Afrikakorps sicherzustellen —, ließ er das X. Fliegerkorps unter General Geisler von Norwegen nach Sizilien verlegen, um von hier aus die britische Flotte angreifen zu können. Chef des Stabes war der Fachmann für die Bekämpfung feindlicher Schiffe, Oberstleutnant Martin Harlinghausen, auf dessen Anregungen man jetzt endlich einging. Mit ihm kamen auch die Stuka. Ihr Hauptauftrag lautete kurz und bündig: Versenkt die ›Illustrious‹!
Das X. Fliegerkorps wurde dem Oberbefehlshaber der Luftwaffe in Berlin direkt unterstellt und erhielt damit den Status einer Luftflotte.

Es bestand aus 120 mittleren Bombenflugzeugen, 40 einmotorigen Jägern, 20 Aufklärern und 150 Stuka als Speerspitze.

Harlinghausen und Geisler hatten sich eingehend mit der Wirkung des Einsatzes von Sturzkampfflugzeugen gegen Kriegsschiffe beschäftigt und schätzten, daß man mit der Ju 87 — wenn der feindliche Widerstand nicht stärker wurde — ein Schiff wie die ›Illustrious‹ versenken konnte, gleichgültig ob es ein Panzerdeck hätte oder nicht: es mußte nur von vier Bomben getroffen werden. Bisher war noch kein Kriegsschiff so schwer getroffen worden, aber man glaubte, es müsse mehreren Stuka möglich sein, ein so großes Ziel zu treffen, wie es das Flugdeck eines Flugzeugträgers bot. Die Piloten der II./St.G. 2 erhielten eine intensive Sonderausbildung, um sich in der Angriffstaktik zu vervollkommnen. Sie benutzten dabei die schwimmende Attrappe eines Flugzeugträgers. Es stellte sich sehr bald heraus, daß es durchaus nicht unmöglich war, die vier Treffer zu erzielen. Man wartete jetzt nur noch auf eine günstige Gelegenheit.

Als die deutschen Piloten im Januar 1941 diese Ausbildung gerade abgeschlossen hatten, erfüllte ihnen die britische Flotte ihren Wunsch. Mit dem ›Unternehmen Excess‹ begann eine ganze Serie von Geleitzugoperationen zur Verstärkung von Malta. Man plante, von Gibraltar aus am Abend des 6. Januar das Motorschiff ›Essex‹ mit weiteren Handelsschiffen nach Malta und die ›Clan Cummings‹, ›Clan Macdonald‹ und ›Empire Song‹ nach Alexandria auslaufen zu lassen. Den Geleitschutz stellte die ›Force H‹: Schlachtkreuzer ›Renown‹, Schlachtschiff ›Malaya‹, Träger ›Ark Royal‹ und mehrere Zerstörer. Außerdem sollten sich dem Verband der Kreuzer ›Bonaventure‹ und weitere Zerstörer anschließen, die zur Verstärkung der Flotte des Admirals Cunningham herangeführt werden sollten.

Die Handelsschiffe sollten in der Straße von Sizilien auf Teile der Mittelmeerflotte, nämlich die ›Warspite‹, die ›Valiant‹, die ›Illustrious‹ und acht Zerstörer treffen, die durch die Kreuzer ›Gloucester‹ und ›Southampton‹, zwei Zerstörer, den Kreuzer ›Sydney‹ und den Zerstörer ›Stuart‹ aus Malta verstärkt werden sollten. Zugleich plante man zahlreiche Nebenoperationen, zu denen die Überführung von vier Korvetten und einem Tanker aus dem westlichen in das östliche Mittelmeer, ein Luftangriff gegen die Inseln im Dodekanes, unterstützt durch den Flugzeugträger ›Eagle‹, das Schlachtschiff ›Barham‹

und fünf Zerstörer sowie Geleitzugoperationen in der Ägäis gehörten.

Das ganze komplexe Unternehmen verlief bis zum Morgengrauen des 10. Januar ohne Zwischenfall, als die komplizierte Übergabe des Geleitzuges in der Straße von Sizilien — nur eine Stunde von Comiso und Catania entfernt — stattfand, wo die II./St.G. 2 mit Bomben beladen und abrufbereit auf den Einsatzbefehl wartete. Seit dem 9. Januar um 10.30 Uhr war die Flotte gemeldet und überwacht worden. Jetzt ließ man den Schiffen genügend Zeit, in die Falle zu gehen.

Kurz nach Morgengrauen stießen zwei italienische Zerstörer zufällig auf den nun versammelten Kreuzerverband. Die ›Southampton‹, die ›Bonaventure‹ sowie die Zerstörer ›Jaguar‹ und ›Hereward‹ verwickelten sie sofort in ein Gefecht, vernichteten die ›Vega‹ und jagten dem mit hoher Geschwindigkeit nach Nordwesten entkommenden zweiten italienischen Zerstörer nach. Admiral Cunnigham nahm nun Kurs auf den Schauplatz des Geschehens. Um 8.15 Uhr nahm der Verband die Verbindung mit dem Geleitzug auf. Fünf Jagdflugzeuge vom Typ Fulmar übernahmen die Aufklärung über dem Verband. Die ›Force H‹ hatte indessen Kurs nach Westen genommen und beteiligte sich nicht mehr an dem Gefecht.

Um 8.34 Uhr wurde der Zerstörer ›Gallant‹ von einem Torpedo getroffen und beschädigt. Die ›Mohawk‹ nahm ihn in Schlepp. Das 3. Kreuzergeschwader mit ›Southampton‹, ›Gloucester‹ und ›Bonaventure‹ erhielt den Auftrag, den Schutz der ›Gallant‹ zu übernehmen. Die ›Bonaventure‹ war ein ganz neuer Flak-Kreuzer der ›Dido‹-Klasse. Ihre 13,2-cm-Geschütze erwiesen sich später als ausgezeichnete Fliegerabwehrwaffen. Daß man das Schiff aus dem Verband Cunninghams herausgelöst hatte, wurde im weiteren Verlauf der Kämpfe noch sehr bedauert.

Um 8.34 Uhr war die ›Gallant‹ getroffen worden, aber erst um 12.23 Uhr erfolgte der erste Fliegerangriff. Die Deutschen wußten, daß die fünf Fulmars als Patrouillenflugzeuge eingesetzt waren, und zwischen 12.23 Uhr und 12.29 Uhr erhielten italienische Torpedobomber vom Typ SM 79 den Auftrag, die ›Valiant‹ im Tiefflug anzugreifen. Das Schlachtschiff wich den Torpedos aus, die am Heck vorbeigingen. Zwei Fulmar-Jäger verfolgten die italienischen Flugzeuge, aber die SM 79 waren schnell genug und konnten den Jägern im Tiefflug entkommen. Die drei anderen Fulmars kamen ebenfalls nicht zur Wirkung. Zwei hatten sich bei vorangegangenen Luftkämpfen verschossen, die dritte war beschädigt worden. Es fehlte der Flotte daher jetzt an Jagdschutz. Die letzten sechs Fulmars erhielten den Befehl, sich auf der ›Illustrious‹ startklar zu machen, um an ihrer Stelle den Geleitschutz zu übernehmen.

Um 12.30 Uhr erschienen auf den britischen Radarschirmen starke, von Norden anfliegende feindliche Verbände. Captain Boyd von der ›Illustrious‹ befahl sofort die Rückkehr der zwei schon gestarteten Fulmars und bat um Erlaubnis, den Flugzeugträger gegen den Wind zu drehen, damit auch die anderen Maschinen starten könnten. Aber noch bevor das geschehen konnte, waren die Deutschen da.

Es waren 43 Stuka: die II./St.G. 2 unter Major Enneccerus und die I./St.G. 1 unter Hauptmann Hozzel. Die beiden Gruppen leisteten sich keinen Fehler. Sie näherten sich in 4000 Meter Höhe, nahmen dann gelöste Schwarmordnung ein, variierten ständig die Flughöhe und suchten sich dabei ihre Ziele aus. Zehn Maschinen lösten sich aus dem Verband und griffen die Schlachtschiffe im Sturzflug an. Während sich das Flakfeuer der stärksten Schiffe auf diese Maschinen konzentrierte, wendeten sich die übrigen Stuka dem Flugzeugträger als ihrem Hauptziel zu.

Admiral Cunningham schreibt:

»Diese vollkommen neue Angriffsmethode der Stuka war so interessant, daß keine Zeit zur Angst blieb, und niemand zweifelte daran, daß wir es hier mit Experten zu tun hatten. Sie bildeten einen großen Kreis über der Flotte und gingen, wenn sie ihre Angriffsposition erreicht hatten, einzeln zum Sturzflug über. Wir konnten die Geschicklichkeit und Präzision des Ganzen nur bewundern. Der Bombenabwurf erfolgte aus allernächster Nähe, und manche Piloten fingen ihre Maschinen so tief ab, daß sie niedriger als in Schornsteinhöhe über das Flugdeck der Illustrious hinwegflogen.«*

Der ganze Angriff dauerte nur 6½ Minuten, aber in dieser Zeit richteten die Ju 87 auf dem Flugzeugträger eine absolute Verheerung an. Die Sturzflüge erfolgten aus 4000 bis 1800 Meter Höhe, die Bomben wurden aus 400 bis 280 Meter geworfen und viele Maschinen be-

* Cunningham of Hyndhope, ›A Sailor's Odyssey‹, Hutchinson, London.

schossen nach Auslösung der Bomben die Flakstände noch mit Bordwaffen.

General Geisler hatte von seinen Besatzungen vier Volltreffer verlangt. Sie landeten nicht weniger als sechs, und drei Bomben schlugen dicht neben der ›Illustrious‹ ins Wasser. Das war eine Massierung von Bombentreffern, von der man erwarten durfte, daß kein Schiff, geschweige denn ein Flugzeugträger, sie überleben könnte. Captain Boyd berichtete, der Angriff sei brillant geführt und mit größter Geschicklichkeit und Entschlossenheit angesetzt worden. Als der letzte durch den von Flakwölkchen übersäten Himmel davongeflogen war, scherte die ›Illustrious‹ aus dem Verband aus. Ihr Steuer war blockiert, die Aufzüge zerstört, die Decks aufgerissen und verwüstet, die Bewaffnung zerschlagen.

Um 12.38 Uhr hatte die erste Bombe den vorderen Flakstand an Backbord getroffen, die Geschütze außer Gefecht gesetzt und zwei Soldaten der Bedienung getötet. Sie war dann in den Schiffsrumpf eingedrungen und in Höhe der Wasserlinie detoniert. Splitter hatten das Schiff leckgerissen.

Wenige Sekunden später kam der zweite Treffer und schlug nahe am Bug in das Vorderdeck ein. Die Bombe durchschlug das gepanzerte Flugdeck und detonierte im Farbmagazin, das mit einer Stichflamme in Brand geriet. Die Schotten zu dem getroffenen Teil des Schiffes wurden dicht gemacht und dieser Schiffsraum geflutet. Das Feuer konnte bald gelöscht werden.

Dann wurde die Brücke von einer schweren Bombe getroffen, die das erste Steuerbord-Schnellfeuergeschütz von der Lafette riß und die ganze Bedienungsmannschaft tötete. Auch bei der Bedienung des zweiten Schnellfeuergeschützes und bei den Munitionsträgern traten Verluste ein. Der Flugzeugträger selbst blieb trotz dieser Treffer manövrierfähig, obwohl seine Bewaffnung schwer gelitten hatte.

Als nächstes fiel eine panzerbrechende 500-Kilo-Bombe. Für eine solche Waffe war das Schiff zu leicht gebaut. Sie traf um 12.40 Uhr den Heckaufzug und zerschmetterte ein Fulmar-Jagdflugzeug und dessen jungen Piloten, der sich mit seiner Maschine gerade im Aufzug befand. Als die Bombe den Aufzug traf, war dieser schon halbwegs unter Deck. Die Wucht des Einschlages warf den Aufzug wie ein Spielzeug auf das Hangardeck. Lange Metallsplitter wirbelten durch den Hangar, mähten die Mannschaften nieder und beschädigten dreizehn Flugzeuge. Die Geschützstände am Heck wurden zerschlagen, die Geschützbedienungen erlitten schwere Verluste. Alle Geschütze am Heck waren ausgefallen. Im Hangar verstaute Torpedos drohten Feuer zu fangen und durch Detonation das Chaos noch zu vergrößern.

Um 12.42 Uhr fiel eine zweite 500-Kilo-Bombe in den Aufzugschacht, traf den umgestürzten Lift, glitt an ihm entlang und detonierte zwischen den brennenden Flugzeugen. Dabei fielen alle dort eingesetzten Feuerlöschmannschaften. Munition und Flugbenzin explodierten, das Feuer flammte mit neuer Gewalt auf.

Fast im gleichen Augenblick landete eine weitere panzerbrechende Bombe dicht neben dem leckgerissenen Schiff und detonierte in Höhe des Bugaufzugs, der durch die Druckwelle umgebogen wurde. Das Schiff hatte noch immer erhebliche Fahrt, und der dadurch verursachte Luftzug fachte das Feuer im Heckhangar noch weiter an. Die ganze ›Illustrious‹ war in Rauch und Flammen eingehüllt, aber der Angriff war noch nicht zu Ende. Die Schiffsflak war außer Gefecht gesetzt und konnte daher eine zweite Welle angreifender Stuka nicht daran hindern, eine weitere 500-Kilo-Bombe auf das Achterdeck zu setzen, die die Panzerung aufriß und im Innern des Schiffes detonierte. Die in der Offiziersmesse versammelten wachfreien Offiziere wurden von der Bombe getötet; der Munitionsaufzug wurde unbrauchbar gemacht. Alle Lichter erloschen. Es brachen neue Brände aus, die durch das aus den zerrissenen Leitungen austretende Öl und das Benzin der zerstörten Flugzeuge weiter angefacht wurden.

Aber die Schiffsmaschinen hatten wie durch ein Wunder keinen Schaden genommen, die ›Illustrious‹ machte immer noch 17 Knoten. Jetzt kam es nicht nur darauf an, die Brände unter Kontrolle zu bekommen, sondern das Schiff mußte manövrierfähig bleiben. Mit äußerster Anstrengung gelang es endlich, die ›Illustrious‹ wieder auf Kurs zu bringen, obwohl sie nur noch mit den Maschinen gesteuert werden konnte. Man hoffte, sie nach Malta ins Dock bringen zu können. Dort war es möglich, sie behelfsmäßig zu reparieren und dann nach Alexandria zu bringen. Die Frage war nur: würde die deutsche Luftwaffe das zulassen?

Die beiden Schlachtschiffe waren nur leicht beschädigt worden, denn mit ihrer stärkeren Flak hatten sie den Ablenkungsangriff abwehren können. Die ›Warspite‹ hatte zwar einen schweren Treffer durch eine 250-Kilo-Bombe erhalten, aber weil die Bombe nicht detoniert war, wurde das Schiff nur oberflächlich beschädigt.

Cunningham beorderte die Zerstörer ›Hasty‹ und ›Jaguar‹ als Begleitschutz zum Flugzeugträger. Die auf der ›Illustrious‹ stationierten und noch nicht gelandeten Flugzeuge flogen nach Malta, wo sie in aller Eile auftankten, munitionierten und zurückkehrten, um dem schwer angeschlagenen Mutterschiff Begleitschutz zu geben. Die Schlachtflotte blieb in der Nähe, um gegebenenfalls mit ihrer Flak feindliche Fliegerangriffe abzuwehren. Um 16.00 Uhr kehrten die Stuka auch wirklich zurück, um den letzten Teil ihres Auftrags zu erledigen.

Um 16.00 Uhr griffen 13 Maschinen und um 17.10 Uhr weitere 14 an, aber nur eine Bombe fiel ganz in der Nähe der ›Valiant‹ und verursachte geringe Verluste. Der ›Illustrious‹ konnten die deutschen Flugzeuge keine weiteren Treffer beibringen. Um 21.45 Uhr traf sie vor Malta ein, wurde in Schlepp genommen und ins Dock gebracht.

In den folgenden 13 Tagen wurde sie soweit instand gesetzt, daß sie nach Alexandria fahren konnte. Es war ein verzweifelter Wettlauf gegen die Zeit, denn das X. Fliegerkorps griff das am Parlatoriokai liegende wehrlose Schiff immer wieder an. Jeden Tag durchbrachen die Ju 87 den Flakschirm über dem Hafen von Valetta und warfen ihre Bomben, ohne sich von den britischen Jagdflugzeugen abhalten zu lassen, die von den in der Nähe gelegenen Flugplätzen starteten.

Das ganze Hafengebiet in der Nähe des Liegeplatzes der ›Illustrious‹ wurde in Trümmer gelegt. Am 16. Januar erzielte ein Angriff mit 44 Stuka einen weiteren Volltreffer mit einer 500-Kilo-Bombe, die in der Nähe des Hecklifts detonierte und neue schwere Schäden anrichtete. Am 18. Januar griffen die Sturzbomber die Flugplätze bei Hal Far und Luqa mit 51 Maschinen an und verwüsteten sie vollständig; aber die Reparaturarbeiten gingen weiter. Die Steuerung wurde behelfsmäßig wiederhergestellt, die gefluteten Teile des Schiffes wurden ausgepumpt, die durch Bombensplitter entstandenen Lecks abgedichtet. Aber am 19. Januar, nachdem die Deutschen die britische Jagdabwehr erledigt hatten, griffen 43 Ju 87 an und setzten zwei schwere Bomben dicht neben die ›Illustrious‹, die durch die Detonationen gegen die Kaimauer geschleudert wurde. Sie erhielt ein neues Leck unter der Wasserlinie, die Steuerbordturbine wurde zerschlagen. Die Deutschen verloren bei diesen Angriffen fünf Stuka.

Während einer Kampfpause von mehreren Tagen gingen die Reparaturarbeiten Tag und Nacht weiter. Am Abend des 23. Januar, 13 Tage nach dem ersten Angriff, verließ der Flugzeugträger den Hafen und dampfte mit 25 Knoten in zwei Tagen nach Alexandria. Das war eine unglaubliche Leistung. Die Männer, die das Schiff gebaut hatten, verdienten alle Anerkennung, denn nach menschlichem Ermessen hätte es längst sinken müssen. Die ›Illustrious‹ mußte für ein ganzes Jahr außer Dienst gestellt werden und wurde in Amerika repariert, während ihr jüngst vom Stapel gelaufenes Schwesterschiff, die ›Formidable‹, nunmehr der Flotte Cunninghams unterstellt wurde. Um nicht das Schicksal der ›Illustrious‹ teilen zu müssen, machte sie aber den Umweg um das Kap der Guten Hoffnung und fuhr nicht durch die Straße von Sizilien, die immer noch von den Stuka beherrscht wurde. Die siegreichen Stukagruppen wollten sich, auch wenn sie die ›Illustrious‹ nicht hatten versenken können, nicht damit zufriedengeben, nur einen Flugzeugträger außer Gefecht zu setzen.

Bei ihren Angriffen gegen den Hafen von Valetta hatten die Stuka nicht nur die Werftanlagen schwer beschädigt, sondern auch der Flotte erhebliche Verluste beigebracht. Am 16. Januar hatte eine Bombe den Maschinenraum des zu dem Geleitzug gehörenden Handelsschiffs ›Essex‹ getroffen; außerdem war der Kreuzer ›Perth‹ beschädigt worden. Cunningham führte den Rest der Flotte nach Alexandria. Indessen hatte die britische Kriegsflotte einen weiteren schweren Schlag hinnehmen müssen.

Nachdem die Kreuzer des Konteradmirals Renouf, ›Gloucester‹ und ›Southampton‹, den beschädigten Zerstörer ›Gallant‹ in den Hafen von La Valetta eskortiert hatten, nahmen sie am 11. Januar mit den Zerstörern ›Defender‹ und ›Diamond‹ Kurs nach Osten, um sich dem Gros der Flotte anzuschließen. Keines dieser Schiffe war mit Radar ausgestattet. Jedermann glaubte, man befinde sich außerhalb der Reichweite der Stuka.

Das war nicht der Fall. Der Verband war bereits früher gesichtet worden. Nun wurden die beiden Kreuzer etwa 480 km ostwärts der sizilianischen Flugplätze der deutschen Kampfflugzeuge in der Position von 34° 54′ Nord, 18° 24′ Ost von einem Angriff überrascht, den Major Enneccerus von der II./St.G. 2 mit einer He 111 und 12 Stuka gegen sie führte.

Die Sturzbomber griffen die beiden Schiffe in zwei Gruppen an und erzielten zwei Treffer auf der ›Southampton‹. Eine Bombe bohrte sich durch die Offiziersmesse, die zweite schlug in die Unteroffiziersmesse ein. Ein grausamer Zufall wollte es, daß sich in beiden Messen zahlreiche wachfreie Offiziere und Mannschaften aufhielten, weil man glaubte, hier sicher zu sein. So traten sehr hohe blutige Verluste ein. Über dem Maschinenraum brach ein starkes Feuer aus, das bald außer Kontrolle geriet und sich schnell ausbreitete. Um 16.05 Uhr mußte das Schiff stoppen.

Auch die ›Gloucester‹ wurde bei diesem Angriff von einer schweren Bombe getroffen, die das Dach des Leitkontrollturms durchschlug und den Brückenaufbau zerstörte. Zum Glück detonierte sie nicht, aber auch so war der Schaden groß: 19 Besatzungsmitglieder fielen, 14 wurden verwundet. Die ›Southampton‹ mußte schließlich aufgegeben und von eigenen Schiffen versenkt werden. Die ›Gloucester‹ und ›Diamond‹ übernahmen die Überlebenden. Die ›Southampton‹ war das größte bisher bei einem Luftangriff versenkte Schiff. Sie hatte eine Wasserverdrängung von 10000 ts und war erst drei Jahre vorher vom Stapel gelaufen.

Dadurch, daß sie die ›Illustrious‹ außer Gefecht gesetzt und die ›Southampton‹ versenkt hatten, sahen sich die Deutschen von der Wirksamkeit des Stuka-Einsatzes gegen modernste Kriegsschiffe überzeugt. Bei der britischen Kriegsflotte quittierte man diese Ereignisse mit einiger Sorge. Zu Hause redete man nach der Luftschlacht um England immer noch von der Wirkungslosigkeit der Stuka, aber die Angehörigen der Mittelmeerflotte gaben sich keinen solchen Illusionen mehr hin. Mehr als zwei Jahre ließ die britische Flotte kein Kriegsschiff mehr durch die Straße von Sizilien fahren, das größer war als ein Kreuzer.

Der Mangel an Schiffszielen bedeutete für die Ju 87 nicht etwa das Ende ihrer Operationen, denn jetzt kam es darauf an, Malta auszuschalten. Die Stuka wurden außerdem gebraucht, um britische Panzer und Geschützstellungen zu bekämpfen und Rommel bei seiner ersten Offensive in Nordafrika zu unterstützen. Im Februar wurde der Verband des Fliegerführers Afrika unter Generalleutnant Fröhlich mit

20 zweimotorigen Zerstörerflugzeugen vom Typ Bf 110 und etwa 50 Stuka des St.G. 2 aufgestellt. Wenn die Sturzbomber hier auch in erster Linie zur Unterstützung der Erdtruppen eingesetzt wurden, so zeigten sie doch immer wieder ihre Verwendbarkeit gegen die feindliche Schiffahrt, wenn dies notwendig war. Unter anderen wurden von Februar bis Mai vor der nordafrikanischen Küste der Monitor ›Terror‹, der Zerstörer ›Dainty‹ und das Minenräumboot ›Huntley‹ versenkt.

Admiral Cunningham schreibt: »Die deutschen Stuka waren für uns eine ständige Bedrohung.«

Sie waren doch etwas mehr als nur das, denn bald stellten sie die britische Überlegenheit zur See im Mittelmeer überhaupt in Frage, und zwar nicht nur über Malta und der Straße von Sizilien, sondern auch über dem ganzen östlichen Mittelmeerbecken.

SECHSTES KAPITEL

Das Schlachtfeld

Als die deutschen Armeen am 6. April 1941 in den Balkan vordrangen und Jugoslawien und Griechenland überrannten, taten sie dies mit der gewohnten atemberaubenden Geschwindigkeit und Gründlichkeit. Die beiden kleinen Nationen konnten, obwohl die gleichen Methoden schon vorher bei anderen Gelegenheiten offenkundig geworden waren, den deutschen Blitzkriegmethoden nicht standhalten. An der Spitze der rasch nach Süden vorstoßenden deutschen Verbände, die alles vor sich hertrieben, standen wie schon früher Teile des VIII. Fliegerkorps unter General Freiherr von Richthofen, die sich auf die Unterstützung der eigenen Truppen im Erdkampf spezialisiert hatten. Zu ihnen gehörten drei Stukagruppen. Zwei von ihnen waren im März aus Frankreich und eine aus Afrika gekommen. In wenigen Tagen waren in Bulgarien etwa 150 Stuka zusammengezogen.

Der Beitrag der Sturzkampfflugzeuge zu den schnellen Siegen der deutschen Truppen war entscheidend. Zu ihren Erfolgen gehörten die Versenkung des alten griechischen Linienschiffes ›Kilkis‹ und des Zerstörers ›Vasilefs Georgios‹ im Hafen von Salamis am 20. und 23. April, welche zusammen mit der Versenkung von drei weiteren Zerstörern und fünf Torpedobooten durch andere Verbände der Luftflotte 4 die Einsatzbereitschaft der kleinen griechischen Flotte praktisch annullierte. Am 27. April war Athen gefallen. Die britische Armee begann, das Festland zu räumen.

Das Gros der alliierten Kräfte richtete sich auf der Insel Kreta zur Verteidigung ein, die schon im März 1941 von britischen Truppen besetzt worden war. In der ihnen jetzt noch verbliebenen Zeit gingen sie daran, die Verteidigungsanlagen auf der Insel zu verstärken. Hitler in Berlin sorgte sich am meisten um das große strategische Potential Kretas als Offensivbasis für Langstreckenbomber und zeigte sich beunruhigt über die Möglichkeit, daß Flugzeuge von hier aus gegen die reichen rumänischen Ölfelder eingesetzt werden könnten.

Da die von Hitler geplante entscheidende Auseinandersetzung mit der Sowjetunion kurz bevorstand, konnte er über diese Fragen nicht einfach zur Tagesordnung übergehen. Generaloberst Löhr, der Befehlshaber der Luftflotte 4, und mit ihm General der Flieger Student, der kommandierende General des IX. Fliegerkorps, schlugen vor, den britischen Widerstand durch eine Luftlandeoperation auf der Insel zu brechen. Keitel und andere meinten, für eine solche Operation käme in erster Linie Malta und nicht Kreta in Frage, aber Hitler gab dem ersten Vorschlag den Vorzug. Nach einer kurzen Beratung mit Mussolini ließ er mit seiner Weisung Nr. 28 das Unternehmen anlaufen.

Bei dem ›Unternehmen Merkur‹ sollten nicht weniger als 530 Transportmaschinen vom Typ Ju 52 eingesetzt werden. Dazu mußte das zu dieser Zeit in Mitteldeutschland stationierte XI. Fliegerkorps nach Athen verlegt werden. Diese Verlegung wurde in dem erstaunlich kurzen Zeitraum von nur zwei Wochen bewerkstelligt. Als Datum für den Angriffsbeginn wurde der 20. Mai festgesetzt. In der Zwischenzeit richtete man im Raum von Athen weitere Feldflugplätze ein, um die zahlreichen Junkers-Transportmaschinen und Lastensegler darauf unterzubringen, von denen die Fallschirmtruppen abspringen sollten.

Um diesen Operationen den Weg zu bahnen, konnte das VIII. Fliegerkorps über mehr als 600 Flugzeuge aller Typen und die Stukaverbände im vorderen Operationsgebiet auf den neuen Basen bei Mulaoi, Melos, Scarpanto, Korinth und Argos verfügen. Die Angriffe begannen am 20. Mai um 7.00 Uhr morgens, als die Stuka, unterstützt von mittleren Bombern und zweimotorigen Jägern, sehr schwere Angriffe gegen die britischen Verteidigungsanlagen bei Malemes und Khanea richteten, um dort die Flak auszuschalten.

Eine Stunde später trafen die ersten Luftlandetruppen über Kreta ein, unterstützt von weiteren Sturzkampfflugzeugen und Jägern, die in die Erdkämpfe eingreifen sollten. Der feindliche Widerstand war heftiger als erwartet. Es gelang nicht, alle Angriffsziele zu nehmen, deren Besetzung für den ersten Tag vorgesehen war. Den britischen Verteidigern erschien es unvorstellbar, daß eine 240 Kilometer lange und 32 Kilometer breite Insel allein von Luftlandetruppen genommen und besetzt werden sollte, wenn die Verteidiger vorgewarnt waren. Sie glaubten, ein solches Unternehmen müsse auch von See her unter-

stützt werden. Deshalb erhielt die britische Mittelmeerflotte den Befehl, im Seegebiet um die Insel auf Abfangpositionen zu gehen.
Die britische Lagebeurteilung erwies sich als falsch. Nur sehr wenige mit Schiffen gelandete Truppen beteiligten sich an dem Unternehmen. Das Ganze wurde von Kräften der Luftwaffe geplant und durchgeführt. Das deutsche Heer wurde nicht einmal konsultiert. Wenige kleinere Geleitzüge fuhren zwar nach Kreta, aber sie spielten im Rahmen des Gesamtunternehmens nur eine Nebenrolle.
Damit war der Schauplatz für die blutigste Konfrontation vorbereitet, die es bisher zwischen der britischen Flotte und Richthofens Stuka gegeben hatte.
Die Operationen zur See begannen in einer für Admiral Cunningham ermutigenden Weise. Am 20. Mai hatte die Aufklärung gemeldet, daß mehrere schwache Geleitzüge aus der Ägäis in südlicher Richtung gegen Kreta ausgelaufen seien. Am gleichen Abend erhielten leichte Seestreitkräfte den Auftrag, in der Nacht das Seegebiet nördlich der Insel zu überwachen und den Geleitzügen den Weg abzuschneiden.
Der erste Einsatz betraf die ›Force C‹, bestehend aus den leichten Kreuzern ›Naiad‹ und ›Perth‹ und den Zerstörern ›Kandahar‹, ›Kingston‹, ›Juno‹ und ›Nubian‹. Der Verband stand unter dem Kommando des Vizeadmirals E. L. S. King und hatte den Auftrag, durch die Straße von Kaso zu fahren, gegen das Seegebiet vor Stampalia aufzuklären und sich im Morgengrauen des 21. Mai vor Heraklion zu versammeln. In der Straße von Kaso stieß der Verband auf italienische MAS-Schnellboote, die beschossen und vertrieben wurden. Um 6.00 Uhr zog sich Admiral King, nachdem der Kreuzer ›Calcutta‹ zu seinem Verband gestoßen war, durch die Straße von Kaso wieder zurück.
Die ›Force E‹ mit den Zerstörern ›Jervis‹, ›Nizam‹ und ›Ilex‹ hatte in der Nacht den Flugplatz von Scarpanto beschossen und nahm jetzt ebenfalls Kurs auf den Verband des Admirals King. Die deutsche Luftwaffe wußte zwar, daß die britische Mittelmeerflotte in der Nähe operierte, war jedoch zu sehr damit beschäftigt, die hart bedrängten Fallschirmjäger im Erdkampf zu unterstützen, als daß stärkere Kräfte abgezweigt werden konnten, um die Schiffe anzugreifen. Am Morgen des 21. Mai wurden die ›Force C‹ von deutschen Aufklärern gesichtet; eine Stukagruppe erhielt den Befehl, anzugreifen. Dieser Verband, die III./St.G. 2 unter Hauptmann Brücker, war auf der Insel Scar-

panto stationiert und in der vergangenen Nacht durch die Beschießung der britischen Zerstörer belästigt worden. Der Verband des Admirals King war schon seit 9.50 Uhr von deutschen und italienischen Bombenflugzeugen angegriffen worden, aber erst nach Eintreffen der rachedurstigen Stuka Brückers kam es zu Schäden auf den Schiffen.

Die Ju 87 stießen im Seegebiet südostwärts von Kreta um 12.45 Uhr auf die ›Force C‹. Admiral King hatte befohlen, in der Nacht nahe der Insel zu patrouillieren, sich jedoch bei Tagesanbruch wieder zurückzuziehen. Um 12.45 Uhr befanden sich seine Einheiten noch innerhalb der Reichweite der Stuka und mußten den Preis dafür bezahlen.

Die Flugzeuge konzentrierten ihre Angriffe auf den Zerstörer ›Juno‹ (1690 ts). Trotz verzweifelter Ausweichmanöver wurde das Schiff um 12.49 Uhr von drei Bomben getroffen. Die ersten beiden fielen auf das Heck, beschädigten den Kessel- und Maschinenraum und schlugen die ›Juno‹ leck, während die dritte Bombe in das Heckmagazin schlug. Die Detonation riß den Schiffsrumpf auf, die ›Juno‹ sank in weniger als zwei Minuten.

Die Verluste an Gefallenen waren sehr hoch, aber zum Glück konnten ›Kandahar‹, ›Kingston‹ und ›Nubian‹ 6 Offiziere und 91 Mannschaften der Besatzung einschließlich des Kommandanten, Commander St. J. R. J. Tyrwhitt, retten. Noch während des Angriffs zogen sich die leichten Schiffe nach Süden zurück und vereinigten sich südwestlich von Kithera mit dem Gros der Schlachtflotte. Dort blieb die Flotte den ganzen Tag, während die Kämpfe auf der Insel mit unverminderter Härte weitergingen.

Ohne Rücksicht auf Verluste flogen die Deutschen ständig Verstärkungen ein. Das St.G. 2 mußte den ganzen Tag über immer wieder in die Erdkämpfe eingreifen, um die Verteidigungsanlagen zu bombardieren, welche die Fallschirmjäger daran hinderten, ihre wichtigsten Angriffsziele, die großen Flugplätze, zu erreichen.

Der dem Admiral Cunningham unterstellte Admiral Rawlings erhielt weitere Meldungen darüber, daß feindliche Schiffe gesichtet worden seien. Noch am gleichen Abend ließ er aus seinen leichten Einheiten drei Angriffsverbände bilden, die er in die Gewässer nördlich von Kreta schickte, wo sie den Gegner angreifen sollten. ›Force C‹ und

›Force D‹ — letztere bestand aus den Kreuzern ›Dido‹, ›Orion‹ und ›Ajax‹ (der im Laufe des Tages durch Bombentreffer beschädigt worden war) und den Zerstörern ›Hereward‹, ›Janus‹, ›Hasty‹ und ›Kimberley‹ unter dem Befehl von Konteradmiral Glennie — erhielten den Auftrag, einen gesichteten Geleitzug aufzuspüren und anzugreifen, während ›Force B‹ mit den Kreuzern ›Gloucester‹ und ›Fiji‹ und den Zerstörern ›Greyhound‹ und ›Griffin‹ unter Captain Rowley durch die Straße von Kithera in den Raum nordwestlich von Kreta dampfte.
Schließlich sichtete die ›Force D‹ den feindlichen Transportgeleitzug. Dieser bestand aus einem italienisch-deutschen Geschwader mit der hochklingenden Bezeichnung ›1. Kaijk-Geschwader‹. Es waren zwanzig kleine Motorsegler unter dem Kommando des deutschen Oberleutnants zur See Oesterlin. Sie waren mit 2331 Soldaten aus Milos ausgelaufen und sollten in der gleichen Nacht westlich von Malemes landen. Den Geleitschutz hatte ein italienisches Torpedoboot übernommen.
Am 21. Mai um 23.30 Uhr wurde dieser aus allen möglichen Fahrzeugen bunt zusammengewürfelte Verband vom Zerstörer ›Janus‹ 18 Meilen nördlich von Khanea gesichtet. Das italienische Torpedoboot feuerte zwei Torpedos ab, denen die ›Janus‹ auswich; ›Dido‹ und ›Ajax‹ drängten das angreifende Schiff ab. Damit war der Weg für die Briten frei, das Geschwader fuhr in den deutschen Verband hinein, bekämpfte die deutschen Schiffe aus allen Rohren und rammte sie. Im Licht der Scheinwerfer der britischen Kriegsschiffe sah es aus, als sei der ganze feindliche Verband vernichtet worden und mit ihm die 2300 deutschen Soldaten.
Obwohl zwei Dampfschiffe, ein Dutzend Kaijks und andere Fahrzeuge entweder versenkt oder in Brand geschossen waren, konnten sich etwa 10 Kaijks der Vernichtung durch die Flucht entziehen und zwischen den Inseln Schutz suchen. Nur 297 deutsche Soldaten fielen bei diesem Unternehmen. Aber der Versuch, die auf Kreta kämpfenden deutschen Truppen über See zu verstärken, mußte zunächst aufgegeben werden. Die britische Flotte hatte wieder bewiesen, daß sie die See beherrschte. Bevor die Stuka die Überlegenheit der Briten nicht gebrochen hatten, kam jeder Versuch der Achsenstreitkräfte, die Gewässer um Kreta zu befahren, einem Selbstmord gleich.
Obwohl dieses Unternehmen einen so großen Erfolg gebracht hatte,

stand Konteradmiral Glennie jetzt vor einer schwierigen Entscheidung. Es stellte sich heraus, daß der Kreuzer ›Dido‹ — das am stärksten mit Fla-Waffen bestückte Schiff seines Verbandes — 70 %, die Kreuzer ›Orion‹ und ›Ajax‹ 62 % bzw. 58 % ihrer Flakmunition verschossen hatten. Wenn er daher noch länger im Ägäischen Meer blieb, mußte der Verband damit rechnen, schweren Luftangriffen ausgesetzt zu werden, deren er sich dann nicht würde erwehren können. Admiral Sir Andrew Cunningham erhielt eine Meldung über die Munitionslage und befahl Glennie, seine Schiffe herauszuziehen und in Alexandria Munition zu übernehmen.

Captain Rowley suchte mit seinen zwei Kreuzern und zwei Zerstörern indessen wieder die Verbindung zum Gros der Flotte, das etwa 45 Meilen südwestlich der Straße von Kithera patrouillierte. Es bestand aus dem Schlachtschiff ›Warspite‹ als Flaggschiff, dem Schlachtschiff ›Valiant‹, einem Kreuzer und mehreren Zerstörern. Das Geschwader des Admirals King hatte sich jedoch nicht zurückgezogen, sondern hielt sich an den zunächst gegebenen und bisher noch nicht zurückgenommenen Befehl, nördlich von Kreta nach weiteren feindlichen Verbänden zu suchen.

Um 8.30 Uhr sichteten die Schiffe dieses Verbandes südlich von Milo einen einzelnen Motorsegler, der von einem anderen deutschen Geleitzug abgekommen war. Die ›Perth‹ versenkte ihn zwar rasch, aber nun folgten über eine längere Zeit hinweg schwere Luftangriffe von Ju 88 und Do 17. Trotzdem wollte King unter allen Umständen in Gefechtsberührung mit der Masse des deutschen Geleitzuges kommen, den er um 10.10 Uhr sichtete. Die Kreuzer drängten das italienische Torpedoboot ab, das den Geleitschutz übernommen hatte; dabei brachte der Zerstörer ›Kingston‹ ihm zwei Artillerietreffer bei.

Der Geleitzug war damit schutzlos den britischen Angriffen ausgesetzt, aber die Luftangriffe gingen pausenlos weiter. King wußte, daß seine Flakmunition bedenklich knapp wurde. Er zog sich deshalb zurück, aber nicht bevor der feindliche Geleitzug zerstreut worden war und sich ebenfalls auf dem Rückzug befand, wenn er auch nur zwei kleine Fahrzeuge verloren hatte.

Als Admiral Rawlings erfuhr, welche Schwierigkeiten die ›Force C‹ hatte, nahm er Kurs auf deren Position, um Feuerschutz zu geben. Um 13.21 Uhr war die Verbindung hergestellt. Der Verband von King hatte indessen auf der ›Naiad‹ und der ›Carlisle‹ Bombentreffer erhalten, der Kommandant der ›Carlisle‹ war gefallen. Diese deutschen Angriffe waren von Jagdbombern des Typs Bf 109 unterstützt worden. Um 13.32 Uhr wurde die ›Warspite‹ von einer Jabobombe getroffen, welche die mittlere Artillerie an Steuerbord und die Flakstände außer Gefecht setzte.

Auch die ›Force B‹ war angegriffen worden und zog sich zurück, um sich mit dem Gros der Flotte zu vereinigen. Die Deutschen führten schwere Bombenangriffe gegen die Schiffe, beide Kreuzer wurden leicht beschädigt. Sie vereinigten sich aber um 8.30 Uhr mit dem Hauptverband unter Rawlings. Auch andere Verstärkungen waren unterwegs. Die 5. Zerstörerflottille mit den Zerstörern ›Kelly‹, ›Kashmir‹, ›Kipling‹, ›Kelvin‹ und ›Jackal‹ unter Captain Mountbatten nahm um 16.00 Uhr die Verbindung mit der Flotte auf. Die 14. Flottille mit ›Jervis‹, ›Nizam‹ und ›Ilex‹ und die 10. Flottille mit ›Stuart‹, ›Voyager‹ und ›Vendetta‹ wurden in aller Eile aus Alexandria herangeholt, um den angegriffenen Verbänden beizustehen.

Auch die Stuka sammelten sich. In Molai standen zwei Gruppen des St.G. 2 unter Oberstleutnant Dinort zu Angriffen gegen die Flotte bereit. Sie starteten um 5.30 Uhr unter Hauptmann Hitschold (I./St.G. 2) und Hauptmann Seigeland von ihren Basen bei Mykene und Molai. Diese Stuka waren es gewesen, welche die Kreuzer des Kapitäns Rowley ohne Erfolg angegriffen hatten. Jetzt waren sie jedoch zu ihren Basen zurückgekehrt, hatten neue Bomben geladen, waren aufgetankt worden und standen um die Mittagszeit bereit, mit dem Verband Brückers auf Scarpanto ihre Angriffe gegen die starke, jetzt südlich von Kithera versammelte Flotte gemeinsam fortzusetzen.

Ihnen schlossen sich deutsche Verbände aus Ju 88, Do 17, He 111, Bf 109 und Bf 110 an, die bisher in die Luftlandeoperationen auf Kreta eingegriffen hatten. Richthofen befahl den Einsatz aller verfügbaren Kräfte, solange das Wetter günstig blieb.

Um 13.20 Uhr sichteten die Briten zwischen den Inseln Pori und Antikithera einen einzelnen Motorsegler. Der Zerstörer ›Greyhound‹ erhielt den Befehl, ihn zu versenken. Er tat dies, aber der Preis, den er für dieses eine kleine Schiff zu bezahlen hatte, war unverhältnismäßig hoch, denn als die ›Greyhound‹ allein zu ihrem Verband zurückdampfte, wurde sie von acht Ju 87 angegriffen. Immer wieder versuchte sie, sich durch geschicktes Manövrieren den feindlichen Angriffen zu entziehen, aber es half nichts. Um 13.51 Uhr traf ein Stuka mit einer 250-Kilo-Bombe ein 7,6-cm-Fliegerabwehrgeschütz mittschiffs; außerdem wurde die ›Greyhound‹ von zwei 50-Kilo-Sprengbomben getroffen. Sie sank innerhalb von vier Minuten. Die meisten Rettungsboote und Flöße waren bei dem Angriff zerstört worden, nur ein einziges Boot konnte zu Wasser gebracht werden.

Admiral King befahl der ›Kandahar‹ und der ›Kingston‹, die Überlebenden aufzunehmen, und ordnete an, daß die Kreuzer ›Gloucester‹ und ›Fiji‹, von denen er nicht wußte, daß sie ihre Flakmunition bis auf 18 % beziehungsweise 30 % verschossen hatten, das Rettungsunternehmen sicherten. Als Admiral Rawlings schließlich eine Munitionsmeldung erhielt, befahl er den beiden Schiffen, umgehend zum Gros der Flotte zurückzukehren. Aber es war schon zu spät. Die Versenkung des einen Motorseglers sollte die britische Flotte teuer zu stehen kommen. Unterstützt durch zahlreiche Ju 88 konzentrierte sich das St.G. 2 jetzt auf diese kleine Gruppe, die gegen die Angreifer schließlich nur noch Übungsgranaten verschießen konnte. Die ›Gloucester‹ (9900 ts) wurde durch dicht neben ihr im Wasser einschlagende Bomben weiter beschädigt. Um 15.50 Uhr, etwa 9 Meilen vor Pori und angesichts der ganzen Flotte, wurde sie mehrmals getroffen, verlor an Fahrt, ihre Decks waren verwüstet, überall auf dem Schiff brach Feuer aus.

Da die ›Fiji‹ ihre Flakmunition verschossen hatte und die beiden Zerstörer nur noch ganz geringe Vorräte an Öl hatten, mußte man die ›Gloucester‹ im Stich lassen. Aber ihr Schwesterschiff konnte sich trotzdem nicht retten. Beide Verbände zogen sich in aller Eile zurück, um den Angriffen zu entgehen. Um 16.45 Uhr wurde die ›Valiant‹ getroffen. Schwer beschädigt und durch eine Bombe zum Stoppen gebracht, die eine Bf 109 auf sie abgeworfen hatte — Pilot war ein Offizier des Eliteverbands I./L.G. 2 —, wurde die ›Fiji‹ (8000 ts) um 19.15 Uhr durch einen weiteren Bombentreffer erledigt, der den Mast umwarf und das Deck von einem Ende zum anderen aufriß.

Die beiden Zerstörer durften hier nicht mehr länger herumtrödeln; sie warfen Rettungsflöße über Bord und nahmen Kurs auf das Gros der Flotte. Sie kehrten allerdings nach Eintritt der Dunkelheit zurück, um stundenlang nach Überlebenden zu suchen. Die ›Kandahar‹ rettete 184 und die ›Kingston‹ 339 Mann. Viele andere wurden am folgenden Tage von deutschen Seenotrettungsflugzeugen und italienischen Torpedobooten aufgenommen.

Das sollten aber nicht die letzten Schiffsversenkungen des St.G. 2 sein. Obwohl die britischen Schiffsverluste dadurch entstanden waren, daß man kleinere Einheiten aus dem Hauptverband herausgelöst hatte, zog man aus diesen Erfahrungen noch keine Konsequenzen. Am gleichen Abend erhielt die 5. Flottille den Auftrag, in der Bucht von Khanea allein eine Patrouille zu fahren (die ›Kelvin‹ und die ›Jackal‹ hatten schon vorher Sonderaufträge bekommen). Auf der Fahrt dorthin blieb die ›Kipling‹ mit einem Defekt an der Steuerung liegen, die ›Kelly‹ und die ›Kashmir‹ dampften allein weiter.

Auch die 14. Flottille erhielt einen Sonderauftrag und sollte in den Gewässern vor Heraklion patrouillieren, während die ›Decoy‹ und die ›Hero‹ nach Agriarumeli befohlen wurden, um dort den König von Griechenland aufzunehmen. Diese letzteren Unternehmen waren ein Hinweis darauf, wie die Lage an Land sich entwickelt hatte. Dennoch wurde die alliierte Besatzung der Insel Kreta weiter verstärkt.

Nur zwei Schiffe der 5. Flottille kamen in Berührung mit dem Gegner. Sie versenkten einen einzelnen Motorsegler und fuhren dann weiter, um den jetzt in deutscher Hand befindlichen Flugplatz von Malemes kurz unter Beschuß zu nehmen. Als sie sich zurückzogen, stießen sie auf einen zweiten Segler, beschossen ihn und überließen ihn brennend seinem Schicksal.

Nachdem Admiral Cunningham Meldungen über den Verlust der ›Gloucester‹ und der ›Fiji‹ und über die Lage bei den Flakbatterien seiner Flotte erhalten hatte, befahl er um 4.08 Uhr allen unter seinem Befehl stehenden Kräften, sich nach Alexandria zurückzuziehen. Die Meldungen waren allerdings zum Teil irreführend gewesen, denn die Schlachtschiffe verfügten noch über genügend Flakmunition. Dieser Rückzug am Morgen des 23. Mai ließ die verschiedenen Zerstörerverbände ungeschützt zurück, ein Umstand, den die deutsche Luftwaffe sehr bald ausnutzte.

Dornier-Bombenflugzeuge des K.G. 2 sichteten kurz nach Tagesanbruch die ›Kelly‹ und die ›Kashmir‹ und führten zwei Angriffe, denen die Zerstörer ohne Schwierigkeiten ausweichen konnten. Aber die

Nemesis ereilte sie in Gestalt von 24 Stuka unter Hauptmann Hitschold. Um 7.55 Uhr hatten sie die von Mountbatten befehligten Schiffe gesichtet und waren sofort zum Angriff übergegangen.
Schon beim ersten Anflug wurde die ›Kashmir‹ (1690 ts) von einer schweren Bombe getroffen, kenterte und sank innerhalb von zwei Minuten. Es war ihr noch gelungen, einen der Angreifer abzuschießen. Dann wurde die ›Kelly‹, nachdem sie gewendet hatte, von einer 250-Kilo-Bombe getroffen. Sie lief, als das geschah, mit einer Geschwindigkeit von 30 Knoten. Durch die Wucht des Treffers krängte sie stark nach steuerbord und kenterte bei hoher Fahrt. Das gekenterte Schiff schwamm noch etwa 20 Minuten kieloben, bevor es sank.
Zum Glück für die Überlebenden war die ›Kipling‹ in der Nähe. Nachdem sie ihre Steuerung repariert hatte, wurde sie Zeuge des Angriffs. Noch während des Angriffs kam sie heran und konnte Treffern ausweichen. Jetzt kam es darauf an, geschickt zu manövrieren, denn während der nächsten drei Stunden wurde der Zerstörer noch sechsmal von hochfliegenden Bombenflugzeugen angegriffen. Trotzdem rettete die ›Kipling‹ nicht weniger als 128 Besatzungsmitglieder der ›Kelly‹ und 153 Offiziere und Mannschaften der ›Kashmir‹, darunter beide Kommandanten.
Schwer beladen nahm sie um 11.00 Uhr Kurs auf Alexandria und mußte noch vierzig weitere Bombenangriffe über sich ergehen lassen, bei denen schätzungsweise 83 Bomben fielen. Etwa 50 Meilen vor dem Hafen hatte das tüchtige kleine Schiff seinen Ölvorrat verbraucht, aber der Netzleger ›Protector‹ kam der ›Kipling‹ entgegen, nahm sie in Schlepp und brachte sie in Sicherheit. Sie hatte sich bei diesen Gefechten tapfer gehalten.
Aber das wog den Verlust von zwei weiteren Zerstörern nicht auf und konnte auch die Tatsache nicht ausgleichen, daß man die Besatzung von Kreta jetzt bei Tageslicht nicht mehr verstärken konnte. Die Flotte hatte allzu schwere Verluste erlitten. Jetzt konnte man nur noch abwarten, ob die Deutschen die fast unmögliche Aufgabe bewältigen würden, die Insel allein mit Luftlandekräften zu nehmen. Allzu rasch stellte sich das heraus — sie konnten es sogar mit Leichtigkeit.
Am 25. und 26. Mai hielten die heftigen Kämpfe auf Kreta an. Die ganze Zeit über brachten die Transportmaschinen vom Typ Ju 52 im

rollenden Einsatz Verstärkungen heran. Um die hart bedrängten Verteidiger zu entlasten, beschloß die britische Flotte, den Stuka-Flugplatz von Scarpanto aus der Luft anzugreifen. Der Flugzeugträger ›Formidable‹ hatte bei Beginn der Operationen in Alexandria gelegen und hatte sich nicht an den Kämpfen beteiligen können, weil nach den zur Versorgung von Malta unternommenen Geleitzugoperationen nur noch vier der auf dem Träger stationierten Fulmar-Jäger flugklar waren. Nachdem man jetzt alle verfügbaren Flugzeuge zusammengekratzt hatte, die zum Teil in einem recht fragwürdigen Zustand waren, standen der ›Formidable‹ zwölf Maschinen zur Verfügung, mit denen sie sich und die Flotte kaum gegen feindliche Luftangriffe verteidigen konnte. Man beabsichtigte, vier Maschinen vom Typ Swordfish als Bombenflugzeuge einzusetzen. Diesen Angriffen sollten Tieffliegerangriffe folgen, die von Fulmar-Jägern geflogen wurden. Das waren zwar nur Nadelstiche, aber die RAF konnte nicht mehr anbieten. Deshalb meinte der Oberbefehlshaber, unter Wahrung eines Überraschungsmoments könnte es vielleicht noch einmal gut gehen.

Die ›Formidable‹ verließ deshalb am 25. Mai um die Mittagszeit, begleitet von den Schlachtschiffen ›Queen Elizabeth‹ und ›Barham‹ und den Zerstörern ›Jervis‹, ›Janus‹, ›Kandahar‹, ›Nubian‹, ›Hasty‹, ›Voyager‹ und ›Vendetta‹ (später schloß sich auch noch die ›Decoy‹ an) den Hafen von Alexandria. Glücklicherweise wurde der Verband zunächst von den Deutschen nicht entdeckt. Zwischen 5.00 und 6.00 Uhr morgens ließ der Träger aus einer Position 100 Meilen südlich der Insel Scarpanto den schwachen Angriffsverband starten.

Die 8 Marineflugzeuge kamen überraschend über dem deutschen Flugplatz an, zerstörten zwei Bomber und beschädigten fünf andere mehr oder weniger schwer. Die getroffenen Maschinen waren fast durchweg italienische Jäger vom Typ C 42. Zwar waren dies keine besonders schweren Verluste für Hauptmann Brücker, aber es war doch eine unangenehme Überraschung für die Deutschen, denn sie hatten keine Ahnung davon gehabt, daß die ›Formidable‹ wieder einsatzfähig war.

Man rechnete nicht damit, daß die deutsche Luftwaffe diese Herausforderung auf die leichte Schulter nahm. Am Vormittag überflogen dann auch zahlreiche Aufklärungsflugzeuge die Flotte. Es gelang den

Schiffen jedoch, sich rasch in ein Seegebiet zurückzuziehen, in dem sie außerhalb der Reichweite der in Griechenland stationierten Stuka blieben.

Man hatte jedoch übersehen, daß auch in Libyen noch Ju 87 operierten. Zum Unglück für die Briten patrouillierten ausgerechnet an diesem Tage 20 Ju 87 der II./St.G. 2 unter Major Enneccerus südlich der Insel Kreta, um festzustellen, ob sich britische Schiffe dem Kampfgebiet näherten. Die Gruppe befand sich an der äußersten Peripherie ihrer Reichweite, als sie um 13.20 Uhr die Flotte sichtete. Der Flugzeugträger drehte sofort gegen den Wind, um die ihm noch verbliebenen einsatzfähigen Fulmar-Jäger zu starten. Es waren nur zwei. Aber die Zeit war zu kurz. Noch ehe das Manöver beendet war, führte Major Enneccerus seine Stuka zum Angriff.

Hier war die Mittelmeerflotte nicht nur überraschend auf einen Stukaverband gestoßen, sondern der Gegner war der gleiche, der im Januar seine geschickten Angriffe gegen die britischen Kriegsschiffe geführt hatte. Die II./St.G. 2 war begeistert angesichts der Möglichkeit, der ›Formidable‹ die gleiche Behandlung zuteil werden zu lassen wie seinerzeit ihrem Schwesterschiff.

Enneccerus erzielte mit der ersten Bombe, die bei diesem Angriff abgeworfen wurde, sofort einen Volltreffer auf dem vorderen Flugdeck. Acht Stuka folgten ihrem Führer im Sturzflug gegen den Träger, der am Heck auf der Steuerbordseite zum zweiten Mal getroffen wurde. Die Panzerschotten zwischen Schott Nr. 17 und 24 wurden zerrissen, der Geschützturm X mit einem 11,4-cm-Geschütz wurde beschädigt, es gab schwere blutige Verluste, das Katapult wurde getroffen und außer Funktion gesetzt. Dennoch gelang es, das durch die Bombendetonationen entstandene Feuer unter Kontrolle und die Flugzeuge in Sicherheit zu bringen. Aber wieder war der einzige Flugzeugträger der Mittelmeerflotte nach nur einer Feindfahrt schwer getroffen, wieder hatte die britische Flotte ihren ohnedies schon schwachen Jagdschutz verloren.

Die anderen Stuka hatten ihre Angriffe auf die beiden Schlachtschiffe und andere Begleitschiffe konzentriert, aber die großen Schiffe wurden nicht getroffen. Der Zerstörer ›Nubian‹ (1890 ts) hatte weniger Glück. Er wurde am Heck getroffen, die Bombe detonierte in dem Stauraum, in dem die Wasserbomben lagerten, und bei deren Detonation schoß eine 70 Meter hohe Flamme empor, welche die Geschütze X und Y außer Gefecht setzte und das Achterschiff fortriß. Erstaunlicherweise arbeiteten die Maschinen noch. Die ›Nubian‹ konnte — mit den Schrauben gesteuert — unter dem Schutz des Flottillenführers ›Jervis‹ mühsam zum Hafen zurückdampfen, nachdem alles Überflüssige über Bord geworfen war, um das Gewicht des Schiffes zu verringern.

Der Verband des Majors Enneccerus erlitt bei diesem vorschriftsmäßig geführten Angriff keine Verluste, die II./St.G. 2 kehrte mit allen Maschinen zum eigenen Stützpunkt zurück. Wieder hatten die Stuka bei einem kurzen Gefecht bewiesen, was sie gegen die größten Einheiten einer Flotte auszurichten vermochten. Admiral Cunningham befand sich in einem grausamen Dilemma.

Wäre er nicht ausgelaufen, dann hätte er die auf Kreta kämpfenden Truppen ihrem Schicksal überlassen. Aber ohne den notwendigen Jagdschutz die Operationen gegen die Stuka fortzusetzen, konnte unter Umständen hohe Verluste für die ganze Flotte bedeuten, von welcher das Schicksal Maltas und schließlich das des ganzen Nahen Ostens abhing.

Als das Geschwader am 27. Mai nach Alexandria zurückkehrte, hatte es weitere Verluste hinnehmen müssen, denn die ›Barham‹ war an ihrem Y-Turm von der Bombe einer Ju 88 des L.G. 1 getroffen worden. Am gleichen Tage war General Wavell, obwohl Churchill versucht hatte, ihn mit ernsten Worten vom Gegenteil zu überzeugen, zu dem Schluß gekommen, die Schlacht zu Lande sei verloren. Er schickte dem Kriegskabinett einen entsprechenden Funkspruch. Man beschloß, Kreta aufzugeben und zu räumen. Diese Entscheidung entlastete die Mittelmeerflotte keineswegs, sondern erschwerte ihre Aufgabe eher noch. Jetzt mußte sie die britischen Truppen an der exponierten Südküste Kretas aufnehmen, wo der Luftraum von der deutschen Luftwaffe beherrscht wurde. Die Lage ließ sich zwar nicht mit Dünkirchen vergleichen, denn zahlenmäßig mußten viel schwächere Verbände evakuiert werden, aber die über See zurückzulegende Entfernung war viel größer.

Man mußte dabei mit sehr viel höheren Verlusten rechnen, auch wenn die Truppenverladungen nur bei Nacht stattfinden konnten. Dennoch machte sich die britische Flotte energisch an die Aufgabe.

Der Abtransport begann unter recht günstigen Vorzeichen. Am 28. Mai verließen zwei Transportverbände den Hafen von Alexandria, nahmen in Heraklion und Sphakia britische Truppen an Bord und nahmen am folgenden Morgen unbehelligt Kurs auf Ägypten. Die vier Zerstörer ›Napier‹, ›Nizam‹, ›Kelvin‹ und ›Kandahar‹ hatten fast 3000 Mann aufgenommen und konnten sie ohne Verluste zurückbringen. Aber der erneut für Heraklion bestimmte Verband erlebte eine Katastrophe.

›Force B‹ unter dem Kommando von Admiral Rawlings bestand aus den Kreuzern ›Orion‹, ›Ajax‹ und ›Dido‹ und den Zerstörern ›Jackal‹, ›Hereward‹, ›Kimberley‹, ›Hotspur‹, ›Imperial‹ und ›Decoy‹. Der Verband befand sich noch etwa 90 Meilen vor Scarpanto, als die deutsche Luftwaffe ihn bei Tageslicht sichtete. Bis zur Dämmerung wurde er mehrmals von den verschiedensten Flugzeugen angegriffen. Um 19.20 Uhr schlug eine Bombe ganz in der Nähe der ›Imperial‹ ein; um 21.00 Uhr wurde die ›Ajax‹ zum zweiten Mal getroffen und mußte nach Gibraltar gebracht werden. Mit Einbruch der Nacht fand der hart bedrängte Flottenverband etwas Ruhe und beschäftigte sich zwischen 23.30 und 3.00 Uhr damit, etwa 4000 Soldaten bei Heraklion zu übernehmen. Zwanzig Minuten nach Beendigung der Verladung verließen die Schiffe die Küste von Kreta, denn sie mußten bei Tagesanbruch schon möglichst weit von den Stukaflugplätzen entfernt sein. Aber schon nach kurzer Zeit hatte die ›Imperial‹ einen Schaden an der Steuerung; es kam fast zu einer Kollision mit zwei Kreuzern. Der Zerstörer ließ sich nicht mehr auf Kurs halten. Admiral Rawlings beschloß, ihn zu opfern, um die übrigen Schiffe noch bis zur Morgendämmerung aus diesem Seegebiet herauszubringen. Die ›Hotspur‹ übernahm die 400 auf der ›Imperial‹ befindlichen Soldaten und ihre Besatzung und versenkte sie dann. Aber selbst dieser kurze erzwungene Aufenthalt hatte böse Folgen.

Die Schiffe liefen noch immer mit Kurs nach Süden durch die Straße von Kaso, als die ersten Ju 87 über dem Verband erschienen und die Zerstörer beim ersten Tageslicht im Sturzflug angriffen. Vier Flugzeuge nahmen sich die ›Hereward‹ zum Ziel, die den Bomben der ersten drei geschickt auswich. Das vierte Flugzeug machte keinen Fehler, sondern ging auf etwa 500 Meter hinunter und traf die ›Hereward‹ hinter dem Schornstein mit einer 250-Kilo-Bombe. Der

Schornstein ging fast über Bord, das Schiff mußte aus dem Verband ausscheren. Rawlings hatte keine andere Wahl, als es aufzugeben. Man konnte noch erkennen, wie es Kurs auf Kreta nahm, wo der Kommandant hoffte, es auf Grund setzen zu können. Die ›Hereward‹ sank jedoch schließlich, aber die Besatzung konnte die Küste erreichen und wurde gefangengenommen. Beim gleichen Angriff war eine Bombe dicht neben den Zerstörer ›Decoy‹ gefallen, der so schwer beschädigt wurde, daß er seine Fahrt auf 25 Knoten verringern mußte. Um 7.00 Uhr entging auch die ›Orion‹ nur ganz knapp einem Treffer.

Der erwartete Jagdschutz über der Straße von Kaso erschien nicht. Doch sehr bald tauchten weitere Flugzeuge des St.G. 2 auf. Die deutschen Maschinen flogen ihre Angriffe im überschlagenden Einsatz und kehrten nur zu ihren Flugplätzen zurück, um neue Bomben aufzunehmen und zu tanken. Die Angriffe waren intensiv und hartnäckig; selbst gut liegendes Flakfeuer konnte weitere Verluste bei dem Verband des Admirals Rawlings nicht abwenden.

Um 7.35 Uhr flog eine Ju 87, nachdem sie aus dem Sturzflug abgefangen hatte, im Tiefflug über die ›Orion‹ und beschoß die Brücke des Kreuzers mit Bordwaffen. Dabei fiel der Kommandant des Schiffes, Captain G. R. B. Back. Um 8.15 Uhr erzielte eine Ju 87 einen Bombenvolltreffer auf der ›Dido‹, der den Turm B zerfetzte; weniger als eine Stunde später wurde der Turm A der ›Orion‹ von einer 250-Kilo-Bombe getroffen. In beiden Fällen wurden die Geschütztürme schwer beschädigt, die unglücklichen auf dem Schiff zusammengedrängten Soldaten erlitten hohe blutige Verluste.

Die letzten Angriffe der Stuka aus Scarpanto erfolgten an der äußersten Grenze ihrer Reichweite, etwa 160 Kilometer südostwärts von Kaso. Elf Stuka konzentrierten sich auf die in Rauch gehüllte ›Orion‹ und kamen sehr tief herunter, um dem Kreuzer einen vernichtenden Treffer an der Brücke beizubringen. Eine Bombe durchschlug den Brückenaufbau, setzte den Kommandostand außer Gefecht und detonierte in der Heizermesse. Die ›Orion‹ hatte mehr als 1000 Soldaten an Bord. Ein Teil von ihnen drängte sich gerade in diesem Raum. Es entstand ein fürchterliches Blutbad. Die zerfetzten Leichen hingen in der verbogenen Stahlkonstruktion der ehemaligen Mannschaftsunterkunft.

Ein heftiges Feuer brach aus, das man nur unter großen Schwierigkeiten eindämmen konnte. Das Schiff preschte, da das Ruder klemmte, ziellos durch das Wasser. Die Kompasse, der Maschinentelegraph, die Ruderanlage und drei Kessel waren schwer beschädigt. Die blutigen Verluste waren sehr hoch, ihre Gesamtzahl war nicht mehr feststellbar. Man nimmt aber an, daß durch die eine Bombe 260 Mann getötet und 280 verwundet worden sind. Bei all diesen Angriffen verloren die Deutschen nur eine Ju 87 durch das Flakfeuer des Kreuzers.

Zum Glück waren die Schiffe jetzt außerhalb der Reichweite der Stuka. Obwohl mittlere Bombenflugzeuge die Angriffe aus größerer Höhe fortsetzten, erzielten sie keine Treffer mehr. Endlich kamen auch zwei Fulmar-Jäger der britischen Flotte heran, um dem Verband einen gewissen Jagdschutz zu geben. Die schwer angeschlagene ›Force B‹ erreichte mit letzter Kraft um 20.00 Uhr Alexandria, die ›Orion‹ verfügte zum Schluß nur noch über 10 t Öl und zwei 15,2-cm-Granaten. Das war das letzte Unternehmen, an dem sich die Ju 87 beteiligten. In den Nächten vom 29. zum 30. Mai und 31. Mai zum 1. Juni wurden weitere Truppen evakuiert. Dabei wurde die ›Perth‹ von Ju 88 getroffen und der Flakkreuzer ›Calcutta‹ versenkt. Die Stuka bereiteten sich auf den nächsten großen Einsatz im Rahmen des ›Unternehmens Barbarossa‹ vor.

Es gibt keinen Zweifel daran, daß das ›Unternehmen Merkur‹ für das St.G. 2 ein bedeutender Sieg gewesen ist und die Mittelmeerflotte für das Fehlen des Jagdschutzes einen übermäßig hohen Preis zahlen mußte. Richthofen meinte, das Ergebnis sei klar gewesen. Er habe die Überzeugung gehabt, die deutsche Luftwaffe habe einen großen und entscheidenden Sieg erfochten.

Dieser Auffassung mußte auch Admiral Cunningham zustimmen:

»Es ist klar, daß die Flotte gegenüber der unbehindert operierenden deutschen Luftwaffe katastrophale Verluste hinnehmen mußte. Man sollte aber auch daran denken, daß die britische Flotte ihren Auftrag erfüllt hat und daß kein feindliches Schiff, und zwar weder ein Kriegsschiff noch ein Transportschiff Kreta erreicht hat oder in diesen kritischen Tagen in die Schlacht eingreifen konnte.«*

Ein gewisser Trost für die geschlagenen Briten war es, daß die deut-

---

* Cunningham of Hyndhope, ›A Sailors Odyssey‹, Hutchinson, London.

schen Fallschirmjäger und Luftlandetruppen bei der Eroberung von Kreta selbst schwere Verluste hinnehmen mußten. Die Eliteverbände des Generals Student sind niemals wieder bei einem so ehrgeizigen Unternehmen eingesetzt worden.

SIEBENTES KAPITEL

Ausbildung, Methoden und Taktik

Angesichts der erstaunlichen Erfolge, welche die Stuka bei der Erdkampfunterstützung und bei der Verwendung gegen Schiffsziele in den ersten Kriegsjahren erreichten, ist es interessant, einmal anzusehen, wie eine Stukabesatzung ausgebildet wurde und welche Taktiken die Piloten der Ju 87 in jener Zeit entwickelten.

Vor dem Kriege war die Ausbildung der Luftwaffe sehr hart und hatte, wie allgemein zugegeben wird, bei Kriegsausbruch einen höheren Stand erreicht als bei den Luftstreitkräften aller anderen Staaten. Die Grundlage dafür bestand in der zentralisierten Führung und der Errichtung einer besonderen Ausbildungsinspektion im deutschen Luftfahrtministerium (Chef AW). Mit Hilfe seiner dynamischen und von ihrer Aufgabe begeisterten Fluglehrer gelang es Göring, für seine in jeder Beziehung bevorzugte Luftwaffe auch die geeignetsten jungen Männer zu rekrutieren.

Wie angesichts der militärischen Geschichte Deutschlands nicht anders zu erwarten war, erfolgte die Grundausbildung mehr nach allgemein militärischen als nach fliegerischen Gesichtspunkten. Bevor die jungen Männer zu Fliegern ausgebildet wurden, mußten sie sich zunächst an eine absolute militärische Disziplin gewöhnen. Jeder Rekrut und jeder Offizieranwärter verbrachte das erste Jahr seiner Ausbildung bei einem Fliegerausbildungsregiment, wo er nach militärischen Grundsätzen geschult und körperlich trainiert wurde. Funkausbildung und Kartenlesen wurden nur im theoretischen Unterricht vermittelt.

Während der infanteristischen Ausbildung waren Rauchen und Trinken verboten. Neben dem Gefechtsdrill legte man größten Wert auf Leibesübungen und sportliches Training. Nach Beendigung der Rekrutenzeit kam der junge Angehörige der Luftwaffe in eine Fluganwärterkompanie, wo er bis zu zwei Monate auf seine Versetzung in einen fliegenden Verband warten mußte. In dieser Zeit wurde er in

allgemeinen flugtechnischen Fächern unterrichtet. Dann folgte die Versetzung an eine Fliegerausbildungsschule.
Hier absolvierte er 100 bis 150 Flugstunden auf Schuldoppeldeckern. Dabei mußte er fünf Doppelstunden fliegen. Fünfundzwanzig Flugstunden bestanden aus Rundflügen, Landungen, Starts, einfachen Kurven und Dreipunktlandungen. Zugleich mit dem Flugunterricht lief das technische und militärische Ausbildungsprogramm weiter. Die Rekruten wurden in dieser Zeit von ihren Lehrern genau beobachtet, die entscheiden mußten, ob sie sich besser zu Jagdfliegern, Bombenfliegern oder Sturzkampffliegern eigneten. In der Praxis wurden sie jedoch meist dort eingeteilt, wo man am dringendsten Personal brauchte.
In einer dritten Periode lag das Hauptgewicht auf der Flugausbildung. Dabei wurde der Flugschüler in allen einschlägigen Fächern unterrichtet. Die Flugschüler wurden außerdem für kurze Zeit zu aktiven Einheiten versetzt, um in der Praxis Erfahrungen zu sammeln. Man übte Blindflug bei Tag und Nacht und bei jedem Wetter, um sicherzustellen, daß die Luftwaffe auf diesem Gebiet besser ausgebildet war als alle anderen Luftstreitkräfte auf dem europäischen Kontinent. Nach einer strengen Prüfung erhielten die erfolgreichen Prüfungskandidaten den Pilotenschein und das Flugzeugführerabzeichen.
Die Piloten, die den Stukaverbänden zugeteilt wurden, machten anschließend eine vier Monate dauernde Sonderausbildung durch. Die so ausgebildeten Offiziersanwärter absolvierten etwa 15 Flüge mit dem Fluglehrer, bevor sie allein den Sturzflug üben durften. Eine solche Schule wurde bald nach dem Anschluß Österreichs in Thalerhof bei Graz eingerichtet. Sie wurde als eine der ersten mit Maschinen vom Typ Ju 87 ausgestattet, die an die Stelle der veralteten Henschel-Doppeldecker (Hs 123) traten.
Der Sturzflug wurde bis zu einem Winkel von 90 Grad durchgeführt; bei den Übungsflügen wurde er in etwa 4000 Meter Höhe angesetzt. Der Bombenabwurf und das Abfangen des Sturzkampfflugzeugs erfolgten in 1000 Meter Höhe. Im Kriege gingen die Stuka allerdings viel weiter herunter, um die Treffsicherheit zu erhöhen. Die Ausbildung war sehr anstrengend; es wurde viel dabei verlangt, aber jeder Flugschüler durfte täglich nicht mehr als fünfzehn Sturzflüge absolvieren.

Das größte Gewicht legte man auf die Treffsicherheit. Aber die Flugschüler wurden außerdem im Verbandsflug unterwiesen, im Schießen aus dem Flugzeug ausgebildet und in allgemeinen taktischen Fragen unterrichtet. Da viele höhere Offiziere der Luftwaffe vor dem Zweiten Weltkrieg ebenso wie Göring den Stuka als eine wichtige Waffe ansahen, suchte man für diese Verbände nur besonders guten Nachwuchs aus. Dieser Umstand in Verbindung mit der Sonderausbildung hatte zur Folge, daß die Stukaverbände sich selbst als Elite betrachteten. Dieses Gefühl verstärkte sich im ersten Kriegsjahr noch mehr.

Die Ju 87 war eine leicht zu fliegende Maschine. Da sie jedoch verhältnismäßig langsam war, wurde sie für die mit 8 MG bestückten Jäger der RAF zu einem leichten Ziel. Wenn die Stuka aber in größeren Verbänden eingesetzt und entsprechend von Jägern geschützt wurden, waren sie während des ganzen Krieges eine außerordentlich wirkungsvolle und gefürchtete Waffe.

Der Einsatz einer Ju 87 gegen feindliche Schiffe sah für die Besatzung folgendermaßen aus: Nach einer kurzen Einweisung, bei der das Angriffsziel angegeben wurde und die Besatzungen erfuhren, mit welchem Widerstand man rechnete und welche Taktik anzuwenden sei, bestieg die Besatzung das Flugzeug, in dem sie gewöhnlich, aber nicht immer, Rücken an Rücken saß. Welche Bomben verwendet wurden, hing von dem Schiffstyp ab, der angegriffen werden sollte. Gewöhnlich lud man für Angriffe gegen nicht gepanzerte Handelsschiffe eine 250-Kilo-Bombe und vier 50-Kilo-Bomben. Gegen Kriegsschiffe vom Kreuzer an aufwärts, die eine gewisse Panzerung trugen, verwendete man panzerbrechende 500-Kilo-Bomben; später wurde eine 1000-Kilo-Bombe gegen Schlachtschiffe entwickelt.

Vor dem Start mußten folgende Punkte beobachtet werden:

Höhensteuer auf Null,
Seitenruder auf 90 Grad vom Rechtsanschlag,
Landeklappen auf Start,
beide Haupttanks offen,
Luftschraubenverstellung auf volle Tourenzahl,
Kühler und Ölkühler offen.

Feindflüge wurden in verschiedenen Formationen geflogen; in der Kette zu drei Flugzeugen, in der Staffel zu neun, in der Gruppe zu 36 und im Geschwader zu 93 Flugzeugen.

Es ist interessant, daß bei den Stukaangriffen gegen Kriegsschiffe bis zur Größe eines leichten Kreuzers die Staffel eingesetzt wurde. Aber gegen schwere Kreuzer oder noch größere Schiffe verwendete man ganze Gruppen. Die Kette, der kleinste Verband, bestand aus einem Führer und zwei rückwärts gestaffelt fliegenden Flugzeugen, den sogenannten Kettenhunden. Bei einem Angriff der Staffel flogen die Stuka im losen Verband, bei dem die erste Kette die Position des Führers und die beiden anderen die der Kettenhunde einnahmen.

Geleitzüge wurden in etwa 4000 Meter Höhe mit einer Geschwindigkeit von etwa 240 km/h angeflogen, die Bombe in 500 Meter Höhe ausgelöst, die Ju 87 in etwa 200 Meter Höhe abgefangen. Beim Angriff gegen Kriegsschiffe änderte sich die Taktik. Schwere Schiffe, die mit großkalibrigen Flakbatterien bestückt waren, wurden in gelöster Formation angegriffen, wobei die Flugzeuge ständig die Flughöhe variierten und aus verschiedenen Richtungen anflogen. Der Angriff gegen Zerstörer, die mit hoher Geschwindigkeit fuhren und sehr manövrierfähig waren, wurde von der Heckseite her angesetzt, denn so konnte der Stukapilot dem seine Fahrtrichtung wechselnden Angriffsziel besser folgen.

Bei Angriffen einer ganzen Staffel gegen große Kriegsschiffe schloß sich der Verband, ehe er das Ziel erreichte, zum engen Verbandsflug zusammen und bildete damit eine leichter zu verteidigende Gruppe. Innerhalb der Ketten wurden aber immer noch die üblichen Abstände eingehalten. Wenn der Staffelkapitän das Ziel bezeichnet hatte, nahm die Staffel die Angriffsformation ein, um dann zum Sturz anzusetzen.

Kurz vor dem Angriff wackelte der Verbandsführer mit den Tragflächen, um den folgenden Flugzeugen das Zeichen zu geben, die Instrumente für den Bombenabwurf einzustellen. Er kippte zuerst in den Sturzflug ab und ließ die anderen folgen. Die einzelnen dabei zu beachtenden Tätigkeiten waren die folgenden:

Kühlerklappen schließen.
Lader abstellen.
Abkippen.
Sturzflugwinkel festlegen.
Beschleunigen.
Sturzflugbremsen ausfahren.

Gewöhnlich wurde der Sturzflug in einem Winkel von 70 bis 85 Grad angesetzt, aber oft gingen die Stuka auch senkrecht in die Tiefe. Es gab zwei Methoden, in den Sturzflug überzugehen: entweder wurde der Steuerknüppel einfach nach vorn gedrückt, und das Flugzeug ging über die Nase nach unten, oder es kippte seitlich über die Tragfläche. Dabei ging der Pilot in eine halbe Rolle und zog den Steuerknüppel zurück. Wenn die Nase der Maschine sich neigte, stieß er ihn nach vorn, und jeder einzelne Pilot korrigierte den Sturzwinkel auf dem Weg zum Angriffsziel.

Um das Anvisieren des Ziels während des Sturzflugs zu erleichtern, waren an den Seiten des Cockpits rote Linien in verschiedenen Winkeln angebracht, die der Pilot auf den Horizont einstellen konnte.

Nach Beendigung des Sturzfluges wurden die Sturzflugbremsen wieder eingefahren, die Bombenauslöseschalter wieder zurückgestellt, das Gas weggenommen und die Kühlerklappen geöffnet, um ein Überhitzen des Motors zu verhindern. In diesen Sekunden war der Sturzbomber am verwundbarsten. Die alliierten Jäger stellten das sehr bald fest. Die Jagdflugzeuge warteten nur auf die Gelegenheit, die Stuka dicht über dem Wasser anzugreifen, wenn der Pilot voll beschäftigt war und kein Ausweichmanöver fliegen konnte. Aus diesem Grunde verlangten die Stukapiloten bald, daß die zu ihrem Schutz eingesetzten Begleitjäger mit ihnen in den Sturzflug gingen, um in dieser Situation zur Verfügung zu stehen.

Theoretisch boten die Ju 87 im Sturzflug ein ausgezeichnetes Ziel für die Flak, aber in der Praxis mußte ein Richtkanonier außerordentliches Stehvermögen haben, wenn er ein in seiner Zieleinrichtung immer größer werdendes angreifendes Flugzeug beschießen sollte, wenn die Bomben scheinbar direkt auf ihn zukamen und das nervenzerrüttende Heulen der stürzenden Maschine ihm in den Ohren klang wie die Posaunen des Jüngsten Gerichts.

Erst nach Einführung schnell feuernder, leichter automatischer Waffen wie der Bofors-Flak hatten die Schiffe bei der Abwehr der angreifenden Flugzeuge etwa die gleichen Chancen.

Im Erdkampf lagen die Verhältnisse ähnlich. General Sir Frederick Pile schreibt:

»Die Deutschen und die Italiener (und die Filipinos unter General MacArthur) waren bereit, auch ohne Unterstützung aus der Luft zu kämpfen. Wenn aber unsere Truppen nicht von überlegenen Luftstreitkräften unterstützt oder wenn sie von wenigen Sturzbombern angegriffen wurden, hielten sie das für unfair, und es wurde der ›Rückzug auf eine vorbereitete Stellung‹ befohlen.«*

Die Masse der Stukaverbände, die im Sommer 1940 an den europäischen Blitz-Feldzügen teilnahmen, war mit der Ju 87 B-2 ausgerüstet, die sich von der Ju 87 B durch einige kleine Verbesserungen unterschied. Zu ihnen gehörten die hydraulisch zu betätigenden Kühlerklappen, eine verbesserte Luftschraube (aus Holz) mit breiteren Blättern und Strahldüsenauspuff. Damals wurde aber auch gerade die Ju 87 R-1 in Dienst gestellt: ein Abkömmling der B-Serie, welcher mit der B-1 identisch war, nur war an ihr eine Vorrichtung angebracht, um unter den Tragflächen anstelle der Splitterbomben Abwurftanks mitzunehmen. Auch die im Inneren des Flugzeugs montierten Tanks waren vergrößert worden. Damit hatte die Maschine, wenn sie mit einer Bombe beladen war, eine Reichweite von 1250 Kilometern. Die Ju 87 R (das R bedeutet ›Reichweite‹) war in erster Linie für Unternehmen auf See gedacht. Der erste mit diesem Typ ausgestattete Verband war die II./St.G. 1 in Stavanger. Die I./St.G. 1 wurde im folgenden Juni, als sie dem VIII. Fliegerkorps in Frankreich unterstellt war, ganz mit diesen Maschinen ausgestattet. Die Reservetanks unter den Tragflächen konnten zusätzlich 300 l Kraftstoff mitnehmen. Anstelle der normalen Kraftstofftanks waren solche aus einem Spezialgewebe in das Flugzeug eingebaut, die bis in die Hohlräume der Tragflächen reichten und daher mehr Kraftstoff aufnehmen konnten.

Nach Abschluß der Operationen im Westen kam jedoch eine neue Version des Stuka vom Fließband. Das war die Ju 87 D, die zum erstenmal 1940 auftauchte. Bei dieser Version befand sich der Ölkühler nicht mehr auf der Motorhaube, sondern nahm die Stelle des Wasserkühlers unter der Motorhaube ein. Dieser war durch zwei kleinere Kühler vor den Landeklappen ersetzt worden. Der Umbau verlieh der Maschine eine günstigere Motorhaubenform. Die Kanzel erhielt Stromlinienform, denn der Heckteil war jetzt abgeflacht. Der MG-Schütze verfügte über stärkere Feuerkraft, denn anstelle des einzelnen MG 15 war das Zwillings-MG 81 Z eingebaut worden. Die Ju 87 D

* General Sir Frederick Pile, ›Ack-Ack‹, Harrap, London.

hatte einen Jumo-211-J-Motor, dessen 1420 PS es ihr erlaubten, eine Bombenlast bis zu 1400 Kilo in verschiedenen Gehängen unter Rumpf und Tragflächen mitzunehmen.

Nach den Erfahrungen aus der Luftschlacht um England wurde die Besatzung besser geschützt. Hinter dem Piloten brachte man eine 8 mm starke Panzerplatte an. An den Seiten war die Kanzel mit 4 mm starken Panzerplatten geschützt. Der MG-Schütze erhielt einen vorn 10 mm und an den Seiten 5 mm starken Kopfschild. In 4000 Meter Höhe flog die Maschine 410 km/h. Die Ju 87 D-1 wurde im Juni 1941 gegen Rußland zum erstenmal in größeren Verbänden eingesetzt.

Die D-2 war dazu bestimmt, Lastensegler in Schlepp zu nehmen, vor allem auf dem Kriegsschauplatz im Nahen Osten. Nur wenige Maschinen dieses Typs wurden gebaut. Die einzige Veränderung gegenüber der Ju 87 D war ein verstärkter Sporn. Verluste der Stukaverbände durch Infanteriewaffen an der Ostfront führten dazu, daß die Besatzungen für den Einsatz im Erdkampf eine stärkere Panzerung verlangten. Das führte Ende 1941 zur Einführung der Ju 87 D-3.

Die Maschine war nicht nur zum Schutz der Besatzung schwerer gepanzert, sondern hatte sich auch im Erdkampf bei der Bekämpfung der überschweren sowjetischen Panzer hervorragend bewährt, deren Panzerung von vielen Panzerabwehrgeschützen der Wehrmacht nicht durchschlagen werden konnte. Die G-1, eine umgebaute D-3, war deshalb zusätzlich mit zwei unter den Tragflächen montierten 3,7-cm-BK ausgerüstet, die als Panzerabwehrwaffen verwendet wurden.

Es zeigte sich nämlich, daß es sehr schwierig war, Panzer allein mit Bomben zu bekämpfen. Hauptmann Hitschold führte am vierten Tage des Rußlandfeldzuges das ganze St.G. 2 zu einem Angriff gegen eine sowjetische Panzeransammlung im Raum 80 Kilometer südlich von Grodno. Die Bomben fielen genau ins Ziel, aber später stellte man fest, daß nur ein einziger Panzer außer Gefecht gesetzt worden war, und zwar durch das MG-Feuer der Maschine Hitscholds. Den sowjetischen Panzern konnten Bombendetonationen viel weniger anhaben als den britischen oder französischen.

Die Einführung der mit Kanonen bestückten Stuka war deshalb ein entscheidender Schritt vorwärts. Rudel und andere zeigten bald, wie wertvoll diese Waffe sein konnte. Eine weitere Bestückung der D-1 bestand aus dem Waffenbehälter WB 81 unter den Tragflächen, der je sechs bis acht MG 81 enthielt. Diese als ›Gießkanne‹ bezeichnete wirkungsvolle Waffe konnte mit ihren zwölf nach vorn feuernden Maschinengewehren bei feindlichen Truppenansammlungen einen weiten Raum bestreichen und verursachte schwere Verluste bei den auf engem Raum versammelten Infanterieverbänden.

Die meisten deutschen Verbündeten mußten die Überlegenheit der deutschen Waffen gegenüber allem, was sie selbst herstellten, anerkennen. Im weiteren Verlauf des Krieges wurden sie immer weitgehender mit deutschen Waffen ausgerüstet. Das traf auch auf die Stuka zu, die bei vielen deutschen Verbündeten im Einsatz standen. An der Ostfront besaßen in den Jahren 1941/42 rumänische, bulgarische, ungarische und slowakische fliegende Verbände deutsche Stuka der Typen Ju 87 B und Ju 87 D.

Wie schon berichtet, belieferten die Deutschen auch die Italiener mit ihren Stuka, die in der italienischen Luftwaffe die Bezeichnung Picchiatello erhielten. Ein halbes Dutzend Squadriglias wurden damit ausgerüstet. 1940 wurden sie oft gegen britische Geleitzüge eingesetzt. Die Briten meldeten diese Flugzeuge allerdings trotz der italienischen Markierungen als deutsche. Damals wurde berichtet, die Societa Italiana Ernesto Breda baue die Ju 87 in Lizenz als Ba 201. Das entsprach jedoch nicht den Tatsachen, sondern alle italienischen Stuka kamen aus Deutschland.

Im weiteren Verlauf des Krieges wurden immer stärkere Verbände von Ju 87 an allen Fronten eingesetzt. Die Produktion ging nicht zurück, sondern sie wurde alljährlich erhöht. Als die Me 210 im Jahr 1942 nicht wie erwartet an die Stelle des Stuka trat, erhöhte sich die Produktion der Ju 87 wieder. Zwar hatten die klugen Leute bei der RAF den Stuka schon im August 1940 abgeschrieben, aber die Produktionsziffern beweisen das Gegenteil.

1939 rollten 143 Ju 87 vom Band. 1940 waren es 630, 1941 500, 1942 960, und 1943 sogar insgesamt 1672 Maschinen. Die Masse dieser Flugzeuge wurde dringend bei den harten Kämpfen an der Ostfront gebraucht. Wir müssen uns deshalb jetzt in die Zeit Mitte 1941 zurückversetzen, um das Schicksal des Stuka auf dem hart umkämpften östlichen Kriegsschauplatz zu verfolgen.

ACHTES KAPITEL

Harte Schläge im Osten

Hitler hatte von jeher den Grundsatz vertreten, das Reich müsse nach Osten Raum gewinnen, und er war schon immer ein erbitterter Gegner des Kommunismus gewesen. In den ersten Jahren nach der Machtergreifung, solange Deutschland noch nicht erstarkt war, hatte Stalin sich sehr aktiv darum bemüht, die europäischen Mächte gegen Deutschland zusammenzubringen. Nur weil er seine Flanken sichern mußte, sah Hitler sich 1939 gezwungen, mit Sowjetrußland einen Nichtangriffspakt zu schließen. Seitdem hatte er von seinem russischen Verbündeten die verschiedensten Demütigungen hinnehmen müssen. Das waren die Vergewaltigung der baltischen Staaten, die 1918 mit Hilfe deutscher Waffen entstanden waren, der nicht provozierte russische Einfall in das mit Deutschland befreundete Finnland und die Teilung Polens, nachdem Deutschland allein die Last des Kampfes getragen hatte. All das bestärkte Hitler in seinem Vorhaben, sich an den Sowjets zu rächen und endgültig mit ihnen abzurechnen.
Stalin rüstete unbekümmert weiter auf. Die sowjetische Armee war die stärkste der Welt. Während das übrige Europa sich im Kriege befand, wollte Stalin so lange warten, bis beide Seiten erschöpft waren, um sich dann das zu nehmen, was er haben wollte. Die deutschen Streitkräfte eroberten jedoch die weiten westeuropäischen Gebiete so rasch und so gründlich, daß die 1937 durch die Hinrichtung der meisten hohen Offiziere stark geschwächte russische Militärmacht nicht gleich schnell wieder aufgebaut werden konnte. Trotz wiederholter Warnungen seines eigenen Geheimdienstes und alarmierender Nachrichten aus britischen und amerikanischen Quellen war Stalin davon überzeugt, daß Hitler Rußland nicht angreifen werde. Hitler hatte jedoch seine höchsten Militärberater schon im August 1940 davon unterrichtet, daß er beabsichtige, gegen Rußland vorzugehen. Schon zur Zeit der Luftschlacht um England begannen die Vorbereitungen für diesen Feldzug. Hitler hatte nie einen längeren Krieg gegen

Großbritannien führen wollen und gehofft, die Briten würden nach seinen spektakulären Siegen mit Deutschland ein Abkommen schließen, bei dem das britische Weltreich intakt blieb und Hitler in Europa freie Hand bekam. Diese Hoffnungen erfüllten sich nicht. Die kriegerische Haltung der Briten führte zu weiteren Komplikationen im Mittelmeerraum.

Die Feldzüge in Jugoslawien, Griechenland und auf Kreta verzögerten die deutschen Pläne für eine Offensive im Osten, aber im Juni 1941 war Deutschland so weit. An der ganzen 1600 Kilometer langen deutsch-sowjetischen Grenze marschierte eine in dieser Stärke und Schlagkraft noch nicht dagewesene Armee auf, der starke Verbände der Luftwaffe zur Verfügung standen. Die Russen ignorierten diesen Aufmarsch, obwohl er den Beratern Stalins natürlich nicht verborgen blieb.

Der Beginn der großen Offensive wurde schließlich auf den 22. Juni festgelegt. Bis zu diesem Zeitpunkt hatten Deutschland und seine Verbündeten drei Millionen Mann, 600 000 Fahrzeuge, 3580 gepanzerte Fahrzeuge und 7184 Geschütze an der russischen Front bereitgestellt. Aber selbst diese starken Truppenmassierungen sollten nicht ausreichen, um den Sieg sicherzustellen, denn den Deutschen standen insgesamt 4 500 000 Mann der Roten Armee gegenüber. Das war das Anderthalbfache des deutschen Aufmarsches, und man durfte die russischen Kräfte wohl kaum als Defensivarmee bezeichnen.

Deutschland gewann das Wettrennen. Zur Unterstützung des ›Unternehmens Barbarossa‹ hatten die Deutschen auch Luftstreitkräfte mit nicht weniger als vier Luftflotten und 1945 Flugzeugen bereitgestellt, die den bisher massivsten Blitzkrieg einleiten sollten. Wie immer waren die Stuka mit dabei: für den Tag X standen 290 Maschinen vom Typ Ju 87 zur Verfügung.

Der Aufmarsch so starker Kräfte, die über ganz Europa hinweg nach Osten verlegt und dort zusammengezogen wurden, war eine ungeheure organisatorische Leistung. Es galten die strengsten Geheimhaltungsvorschriften. Die Luftwaffe zeichnete sich dabei ganz besonders aus.

Sofort nach Beendigung der Besetzung von Kreta ging das VIII. Fliegerkorps unter Richthofen über Deutschland nach Polen. Schon am 1. Juni wurden die fliegenden Verbände in Rumänien auf die Bahn verladen, um in Deutschland neu ausgerüstet zu werden und sich zu erholen, während das Bodenpersonal direkt nach Polen weiterfuhr, um die vorgeschobenen Stützpunkte einzurichten. Die ganze Verlegung wurde trotz schwieriger Transportverhältnisse innerhalb von drei Wochen abgeschlossen. Ebenso rasch wurden die Luftflotte 2 und das II. und V. Fliegerkorps von Frankreich nach Osten verlegt.

Die Stukagruppen wurden für den Angriff aufgeteilt. Alle fliegenden Verbände unterstanden der Luftflotte 2 unter Kesselring, deren Aufgabe es war, den Angriff der Heeresgruppe Mitte des Generalfeldmarschalls von Bock zu unterstützen, der im Raum zwischen der Rominter Heide südlich von Memel und Brest-Litowsk auf 400 Kilometer breiter Front vorstoßen sollte. Der Heeresgruppe Mitte gehörten zwei Armeen, die Panzergruppe 2 unter dem bekannten Panzergeneral Guderian und die Panzergruppe 3 unter Hoth an. Das erste Operationsziel war die Vernichtung der riesigen sowjetischen Truppenansammlungen im Raum der Festung Brest und um Smolensk.

Zum II. Fliegerkorps unter Bruno Loerzer gehörte das St.G. 77; das VIII. Fliegerkorps unter Richthofen hatte die bewährten Teile des St.G. 1 und des St.G. 2 für die Offensive zur Verfügung. Abseits der Hauptfront, in Nordnorwegen, erhielt die IV. (Stuka)/L.G. 1 den Auftrag, sich an Operationen gegen die wichtigen arktischen Häfen von Murmansk und Archangelsk zu beteiligen. Sie stand unter dem Befehl des Fliegerführers Kirkenes als Teil der Luftflotte 5 unter Stumpff.

Am 22. Juni vor Morgengrauen starteten diese Kräfte, um die bisher gewaltigste Landschlacht in der Geschichte der Kriegführung einzuleiten.

Der Erfolg des ersten Angriffs übertraf die kühnsten Erwartungen der Deutschen. Überall, wo ihre Bomber, Sturzbomber und Tiefflieger sowjetische Flugplätze überflogen, fanden sie die feindlichen Flugzeuge reihenweise auf den Rollfeldern aufgestellt wie zur Parade. Die Angriffe hatten eine vernichtende Wirkung. Die Russen gaben später zu, vollkommen überrascht worden zu sein, und haben am ersten Tage insgesamt 1800 Flugzeuge eingebüßt, während nur 35 deutsche Maschinen verlorengingen. An diesem Tag erfocht die Luftwaffe den größten Sieg, den die Luftstreitkräfte eines Landes gegen die Luftstreitkräfte eines anderen Landes jemals gewonnen haben. Über 700 feindliche Flugzeuge wurden allein von Kesselrings Verbänden zerstört; die Stuka hatten daran einen nicht unerheblichen Anteil.

Der erste Einsatz führte das St.G. 77 gegen sowjetische Verteidigungsanlagen am Bug, wo die 17. und 18. Panzerdivision dank ihrer Unterstützung und mit Hilfe der geschickten Verwendung von watfähigen Panzern den Fluß sehr schnell überschritten hatten und dann rasch weiter gegen Minsk und Smolensk vorstießen. Guderian hatte die Aufgabe, die befestigte Zitadelle von Brest-Litowsk zu zerschlagen, wo fünf sowjetische Regimenter fanatischen Widerstand leisteten. Die Panzer stießen rasch weiter vor, aber die Russen brachten der deutschen Infanterie schwere Verluste bei. Die starken sowjetischen Befestigungen wurden eine nach der anderen genommen. Am 29. Juni erhielt das St.G. 1 den Auftrag, eines der russischen Forts anzugreifen. Dem Unternehmen der Stuka folgte ein Angriff der Ju 88 des K.G. 3, welche 2000-Kilo-Bomben gegen die starken Festungsmauern einsetzten. Am 30. Juni war das Fort gefallen.

Zwei Tage später ging die erste große Kesselschlacht zu Ende. Die beiden großen Panzerzangen von Hoth und Guderian schlossen den Kessel bei Minsk und wurden bei diesem Unternehmen durch Stuka unterstützt. Im Kessel befanden sich vier sowjetische Armeen, die vollkommen aufgerieben wurden. Die russischen Verluste waren ungeheuer hoch. 32 Infanterie-, Kavallerie- und Panzerdivisionen wurden zerschlagen; 2400 Panzer, 1400 Geschütze und 240 Flugzeuge wurden vernichtet oder erbeutet.

Die Stukagruppen, die nur geringe Reichweiten hatten, mußten bei dem raschen Vormarsch fast täglich weiter nach vorn verlegt werden. Beim St.G. 1 war die I. und II. Gruppe im ersten Monat auf diese Weise um jeweils 560 Kilometer nach Osten gerückt. Hans-Ulrich Rudel berichtet, sein Verband habe sich nur kurz in Ulla, Lepel und Janowici aufgehalten. Die Ziele seien immer die gleichen gewesen: Panzer, Kraftfahrzeuge, Brücken, Feldbefestigungen und Flakstellungen. Hin und wieder hätten sich die Angriffe auch gegen die feindliche Eisenbahn oder einen Panzerzug gerichtet, wenn die Sowjets zur Unterstützung ihrer Artillerie Panzerzüge heranbrachten. Jeder Widerstand vor den deutschen Vorhuten habe gebrochen werden müssen, um das Tempo und den Schwung des deutschen Angriffs aufrechtzuerhalten.*

Ende Juli wurde das VIII. Fliegerkorps aus dem Mittelabschnitt in den Nordabschnitt verlegt, um den Angriff gegen Leningrad zu unterstützen. Obwohl die Luftwaffe über zahlenmäßig starke Kräfte verfügte, war das russische Gebiet so groß, daß die Verbände ständig von einem Ende der gewaltigen Front an das andere verlegt werden mußten. Die sowjetische Flotte lag bei Kronstadt am russischen Tor zur Ostsee. Sie bestand aus zwei alten Schlachtschiffen aus dem Ersten Weltkrieg, deren 30,5-cm-Geschütze den gegen Leningrad vorgehenden deutschen Truppen gefährlich wurden. Um diese beiden Störenfriede zum Schweigen zu bringen, die gegen Angriffe von See her geschützt hinter Minensperren lagen, mußten Stuka angefordert werden.

Die Russen waren auf den Verteidigungsgürtel um Leningrad zurückgedrängt worden. Am 8. September traten die Deutschen zu dem Angriff an, mit dem Leningrad genommen werde sollte. Die sowjetischen Truppen hatten sich jedoch eingegraben und leisteten erbitterten Widerstand. Die über der Front eingesetzten Stukaverbände waren ziemlich aktiv und maßgebend an dem Einbruch in den ersten russischen Verteidigungsgürtel beteiligt, den das Infanterieregiment 118 erzielte, das Apoprakosi nahm. Am 11. September führte die 1. Panzerdivision einen Angriff gegen Stellungen auf den Duderhof-Höhen südlich der Stadt. Wieder arbeiteten Panzer und Stuka zusammen:**

»Nun vollzieht sich ein erregendes Schauspiel: Über der vorwärts jagenden Spitze des Bataillons heulen immer wieder Stukas des VIII. Fliegerkorps. Kippen ab. Und werfen präzise 200 bis 300 Meter vor die vordersten Panzer des Bataillons ihre Bomben, genau in die russischen Widerstandsnester, Bunker, Gräben, Panzerfallen und auffahrende Pak.

Die Fliegerleitoffiziere fahren in den Panzern und SPW der Spitze und beim dichtauf folgenden Kommandeur des SPW-Bataillons mit. Ein Luftnachrichtenoffizier, der die Funksprechverbindung mit den Stukas hält, sitzt hinter dem Turm von Leutnant Stoves Panzer 611. Eine große Reichskriegsflagge auf dem Heck macht ihn als ›Bomben-

---

* Hans-Ulrich Rudel: ›Trotzdem‹. Buenos Aires 1949 (Neudruck Göttingen 1970), S. 22 ff.

** Paul Carell, ›Unternehmen Barbarossa. Der Marsch nach Rußland‹. Frankfurt 1963, S. 226 f.

lenker‹ kenntlich. Mitten im Feuerhagel dirigiert der Luftwaffenleutnant über sein Kehlkopfmikrofon die Stukapiloten.«

Das Eingreifen der Stuka am 12. September zerschlug wiederum in letzter Minute die zu einem Gegenangriff bereitgestellten sowjetischen Panzer, zu denen auch die überlegenen T 34 gehörten, denen die deutschen Pakgranaten nichts anhaben konnten. An der Nordflanke der voranstürmenden deutschen Divisionen, an der Ostsee, hatten die Russen jedoch einen Brückenkopf halten können, den Kessel von Oranienbaum mit zwölf sowjetischen Divisionen. Das Geschützfeuer der beiden sowjetischen Schlachtschiffe und Kreuzer aus Kronstadt war besonders für die 58. Infanteriedivision sehr unangenehm.

Deshalb flogen auf Befehl von Kesselring die Stuka fast eine Woche lang täglich in mehreren Wellen Angriffe gegen die sowjetischen Schiffe, um die Schiffsgeschütze zum Schweigen zu bringen. Diese Ziele ließen sich nicht so leicht bekämpfen wie die britische Flotte vor Kreta, denn die Russen hatten rings um ihre Flottenbasis zahlreiche Flakbatterien in Stellung gebracht, die von der Flak der Kriegsschiffe unterstützt wurden und den Luftraum über Kronstadt in ein Inferno verwandelten.

Das ›Immelmanngeschwader‹ St.G. 2 unter Oskar Dinort, das sich bereits im Einsatz gegen die feindliche Schiffahrt bewährt hatte, übernahm bei diesem schwierigen Unternehmen die führende Rolle. Diesem Eliteverband gehörte auch der junge Stukapilot Hans-Ulrich Rudel an, der sich sehr bald besonders auszeichnete und zu einem der gefürchtetsten Gegner der Sowjets werden sollte. Am. 16. September starteten 30 Ju 87 zum ersten Einsatz gegen das Schlachtschiff ›Marat‹, das zwischen Kronstadt und Leningrad in der Fahrrinne lag, um von hier aus den angreifenden Gegner unter Beschuß zu nehmen. Man wußte, daß man zur Versenkung auch älterer Schlachtschiffe wahrscheinlich mit 500-Kilo-Bomben, welche die ›Illustrious‹ und andere leichter gepanzerte Kriegsschiffe schwer beschädigt hatten, nicht auskommen würde. Aber damals standen den Stuka die schon vorbereiteten 1000-Kilo-Bomben noch nicht zur Verfügung. Sie mußten deshalb versuchen, mit den vorhandenen Mitteln dem feuerspeienden Ungetüm möglichst großen Schaden zuzufügen.

Eine dicke, etwa 800 Meter tief hängende Wolkendecke erschwerte den Anflug der Gruppe. Da die Stuka nicht für den Blindflug ausgerüstet waren, mußte der Verbandsführer das Zielgebiet finden und konnte sich dabei nur auf Wendezeiger und Potentiometer verlassen, während die übrigen Flugzeuge ihm möglichst dicht folgten.

Dem Kommandeur der III./St.G. 2, Hauptmann Steen, gelang es, das Schlachtschiff zu finden. Er und Hauptmann Klaus gingen zum Angriff in den Sturzflug. Sie hatten den Gegner überrascht, und noch bevor die Flak der ›Marat‹ ihre Rohre auf die Lücke in der Wolkendecke richten konnte, aus der die Ju 87 herabstießen, hatten diese ohne eigene Verluste einen Volltreffer erzielt und mehrere Bomben ganz in die Nähe ihres Ziels geworfen. Aber wie erwartet konnte die eine 500-Kilo-Bombe, welche die ›Marat‹ traf, das Schiff nicht versenken. Etwas später lag es in Kronstadt zu Reparaturarbeiten im Dock.

Indessen waren jedoch auf dem Flugplatz von Tyrkowo die schweren Bomben eingetroffen. Die drei Gruppen des St.G. 2 wurden sofort damit beladen und noch einmal in das Inferno geschickt. Rudel beschreibt den Flug nach Kronstadt:

»Es ist immer strahlend blauer Himmel, die Abwehr mörderisch, an keinem Ort und Kriegsschauplatz sollte ich noch eine gleiche finden . . . Diese massierte Flakzone des Luftraumes fängt schon an beim Überfliegen des Küstenstreifens, den die Sowjets noch halten. Dann kommen Oranienbaum oder Peterhof: als Häfen stärkstens geschützt. Auf freiem Wasser schwimmen Pontons, Barken, Boote, winzige Schifflein, aber alle sind mit Flak bespickt. Alles wird als Flakstellung von den Russen ausgenützt . . . Nach etwa 10 km taucht die Insel Kronstadt auf, mit dem großen Kriegshafen und der gleichnamigen Stadt. Hafen und Stadt sind stärkstens geschützt. In unmittelbarer Nähe liegt außerdem die gesamte russische Ostseeflotte; innerhalb und außerhalb des Hafens; sie hat eine tödliche Luftabwehr.«*

Trotz dieser Schwierigkeiten flog das Geschwader weiter und konnte aus 3500 Meter Höhe die ›Marat‹ und andere schwere Schiffe ausmachen. Die Stuka setzten zum Sturzflug an und warfen die 1000-Kilo-Bomben aus 300 Meter Höhe. Das Schlachtschiff wurde zweimal

---

* Hans-Ulrich Rudel: ›Trotzdem‹. S. 33 f.

getroffen und legte sich auf die Seite. Eine Bombe durchschlug ein Magazin. Das Schiff wurde durch eine riesige Detonation, nach der eine Rauchwolke 400 Meter hoch aufstieg, auseinandergerissen.
Die Angriffe wurden auch nach der Versenkung dieses Schlachtschiffes fortgesetzt. Man versuchte, auch das zweite, die ›Oktjabrskaja Revoljucija‹, zu versenken. Bei diesem Unternehmen war der modernste russische Kreuzer, die ›Kirov‹ mit 9500 ts, das Angriffsziel des St.G. 2. Die Ju 87 des Hauptmanns Steen wurde in 1600 Meter Höhe von einer Flakgranate getroffen, die sein Höhenruder zerschlug. Aber Steen versuchte, das todgeweihte Flugzeug allein mit dem Querruder direkt auf den mit 18-cm-Geschützen ausgerüsteten Kreuzer zu steuern. Das gelang ihm nicht, sondern die Maschine stürzte dicht neben dem Schiff ins Wasser. Die wenige Augenblicke vorher ausgelöste Bombe traf die ›Kirov‹ und beschädigte sie schwer.
Bevor die Angriffe wieder aufgenommen werden konnten, erhielt das Geschwader den Befehl zur Verlegung, und zwar diesmal weit nach Süden, wo ebenfalls eine große Kesselschlacht wütete.
Nach den ersten Monaten des atemberaubenden Vormarsches über Ostpolen hinweg und tief in die russische Weite hinein hatte das deutsche Oberkommando direkt weiter vorstoßen und noch vor Einbruch des Winters Moskau als größten russischen Verkehrsknotenpunkt nehmen wollen. Andere hohe Offiziere waren so sehr von den gewaltigen Verlusten beeindruckt, welche das deutsche Heer den Sowjets beigebracht hatte, daß sie glaubten, eine weitere große Vernichtungsschlacht werde die sowjetischen Armeen endgültig zerschlagen. Dieser zweiten Auffassung schloß sich auch Hitler an.
Die Panzerarmeen erhielten daher nicht den Befehl, das nur noch 320 Kilometer vor ihnen liegende und augenscheinlich wehrlose Moskau zu nehmen, sondern nach Süden gegen Kiew vorzustoßen, den Dnjepr zu überschreiten und die sowjetischen Kräfte im Rücken zu fassen. Wenn das gelang, dann würden das Öl und die großen Weizen erzeugenden Gebiete des Südostbeckens den Deutschen zufallen. Die meisten deutschen Generale waren über diese Entscheidung entsetzt. Guderian flog sogar ins Führerhauptquartier, um Hitler zu einer Änderung seines Entschlusses zu bewegen. Aber der ›Führer‹ ließ sich nicht umstimmen.
Die Heeresgruppen Mitte und Süd setzten also den Feldzug fort, und

zwar mit Erfolg. Nach harten Kämpfen schlossen die Panzerverbände Kleists in der Schlacht von Uman zwischen Kiew und Odessa drei russische Armeen ein und vernichteten sie. Stalin hatte seinen Kräften indessen befohlen, den Dnjeprbogen vor Kiew um jeden Preis zu halten. Das war die große Chance für die Deutschen. Unterstützt durch starke Stukaverbände stieß die 4. Panzerdivision am 9. September von Norden vor, und fünf Tage später vereinigten sich die Panzergruppen 1 und 2 im Vorstoß von Norden und Süden 200 Kilometer ostwärts von Kiew. In ihren stählernen Fängen waren 50 russische Divisionen eingeschlossen. Die heftigen Kämpfe gingen weiter, während die eingeschlossenen sowjetischen Truppen auszubrechen versuchten. Die Stuka waren ständig im Einsatz. Am 26. September war alles vorüber. Fünf kommunistische Armeen mit 1 Million Mann waren vernichtet. Kein Wunder, daß Hitler glaubte, Rußland sei am Ende seiner Kraft. Aber dieser Sieg hatte, so groß er war, die Deutschen einen entscheidenden Monat gekostet, einen Monat, in dem der Einbruch des gefürchteten russischen Winters ihren Traum, Moskau bis Weihnachten zu erobern, für immer zunichte machte.
Jetzt, nachdem der Zugang in die Ukraine geöffnet war, erklärte sich Hitler endlich damit einverstanden, die russische Hauptstadt zu nehmen. Die Stukageschwader im Norden und Süden wurden wieder mehrere hundert Kilometer verlegt, um sich an diesem Unternehmen zu beteiligen. Es begann am 2. Oktober unter dem Decknamen ›Taifun‹ und sollte, wie Hitler meinte, die letzte große Entscheidungsschlacht des Jahres bringen. Die deutschen Armeen setzten sich schon am 30. September, 3 Tage vor dem eigentlichen Angriffsbeginn, in Bewegung. Es entwickelte sich die große Doppelschlacht von Wjasma-Brjansk. Sie dauerte einen Monat. Am Schluß hatten die Deutschen einen weiteren unglaublichen Sieg errungen. Neun russische Armeen waren eingeschlossen und geschlagen worden. Die Deutschen hatten riesige Mengen an Waffen und Material erbeutet. Außerdem war der Zugang nach Moskau geöffnet. Warum haben die Deutschen Moskau dann nicht genommen? Der Grund lag einfach darin, daß sie trotz aller Erfolge gegen die sowjetischen Streitkräfte nicht auf einen Winterfeldzug vorbereitet waren und daß, als es zu diesem Feldzug kam, Panzer und Stuka an der ganzen Front nicht mehr weiterkamen.
Wenn die Deutschen für einen Winterfeldzug in Schlamm und Schnee

schlecht vorbereitet waren, dann befanden sich die Russen hier erst in ihrem eigentlichen Element. Nördlich von Moskau bei Kalinin führten frische sibirische Divisionen immer neue Angriffe gegen die deutschen Brückenköpfe. Nur die rollenden Einsätze der treuen Stukaverbände Richthofens gegen russische Panzeransammlungen verhinderten die Katastrophe.

Die Deutschen standen jetzt nur noch 8 Kilometer vor dem Kreml, aber sie sollten nicht mehr weiter vorankommen. Auch weit im Süden wurden die Ju 87 am 17. Dezember dazu verwendet, russische Verteidigungsanlagen, Forts und Geschützstellungen in Sewastopol zu zerschlagen, aber auch hier erwiesen sich die an sie gestellten Anforderungen als zu hoch. Die Festung wurde gehalten. Im strengen Winter 1941 blieben die deutschen Angriffe vor Leningrad, Moskau und Sewastopol stecken; die Angreifer mußten sich von den Generalen Schlamm und Winter geschlagen geben.

Da es den Stukaverbänden an geeigneten Einrichtungen für die Instandhaltung und Pflege ihrer Flugzeuge fehlte, waren in manchen Einheiten nur noch 30 Prozent der Maschinen flugklar. Die III./St.G. 2 zum Beispiel wurde nach Rschew zurückverlegt. Die Verhältnisse hier waren typisch. Bei Temperaturen von minus 30 Grad Celsius ließen sich die Motoren nicht mehr starten. Die Warte waren nachts damit beschäftigt, die Motoren alle halbe Stunde anzuwärmen, um zu verhindern, daß sie vollkommen festfroren. Die Mannschaften selbst erlitten in vielen Fällen dabei schwere Erfrierungen.

Die für die Deutschen unter fast unerträglichen Verhältnissen geführte russische Gegenoffensive konnte nur mit großen Schwierigkeiten und unter erheblichen Opfern abgewehrt werden. In diesem Winter wurde das II. Fliegerkorps dann in den Mittelmeerraum verlegt. Die Stuka des VIII. Fliegerkorps mußten allein die Aufgabe übernehmen, die Heeresgruppe Mitte bei den Abwehrkämpfen zu unterstützen.

Auch im hohen Norden, jenseits des Polarkreises, war das Heulen der Stukamotoren zu hören gewesen. General Dietl, ›der Held von Narvik‹, hatte den Auftrag erhalten, in Zusammenarbeit mit den finnischen Streitkräften eine Offensive zu führen und die Eisenbahnlinie zu unterbrechen, die Murmansk mit dem übrigen Rußland verband. Außerdem hoffte man, die Häfen am Weißen Meer zu nehmen und zu zerstören, um zu verhindern, daß die Russen die nur etwa 100 Kilometer entfernten und für Hitler so wichtigen Nickelminen bei Petsamo in Besitz nahmen.

Die 2. und 3. Gebirgsdivision unter Dietl begannen am 22. Juni 1941 das ›Unternehmen Silberfuchs‹ und stießen nach Osten vor. Am 24. Juni schnitten sie die Rybatschihalbinsel ab und umgingen dabei die russischen Befestigungen und Betonbunker an der finnischen Grenze. Diese befestigten Stellungen im Rücken der deutschen Angriffsverbände wurden später durch Angriffe der IV. (Stuka)/L.G. 1 (später I./St.G. 5) zerschlagen.

Diese Gruppe war auch maßgeblich an der Vernichtung der Masse der russischen Jagdflugzeuge beteiligt, als sie auf den Flugplätzen bei Murmansk durch Bombenangriffe und MG-Feuer mehr als 100 Maschinen zerstören konnte.

Dennoch erwies es sich als unmöglich, in der weglosen Tundra zu kämpfen. Die Stuka wurden herausgezogen, um weiter südlich feindliche Stellungen bei Salla anzugreifen. Obwohl es den Deutschen gelang, nach mühevollen Angriffsvorbereitungen noch weiter voranzukommen, und die 3. Gebirgsdivision Litsa nehmen konnte, standen die deutschen Kräfte immer noch mehr als 40 Kilometer vor Murmansk.

Die Stuka unterstützten die Angriffe über Salla hinaus. Die durch deutsche Truppen verstärkten finnischen Streitkräfte stießen gegen ihr Angriffsziel, das an der Eisenbahnlinie Murmansk-Moskau etwa 400 Kilometer südlich von Murmansk gelegene Kandalakscha, vor. Aber auch sie erreichten das Operationsziel nicht, sondern blieben im Schnee stecken. Frische sibirische Divisionen traten zu Gegenangriffen an. Ende September waren die Fronten erstarrt. Die Sowjets behielten den Hafen von Murmansk, in dem künftig immer größere Mengen amerikanischen Kriegsmaterials eintrafen, mit dessen Hilfe die schwer angeschlagenen sowjetischen Armeen neu ausgerüstet wurden.

Aber während die Stuka bei Schnee, Frost und Schlamm in der unendlichen russischen Weite pausenlos im Einsatz standen, hatten ihre Kameraden im Süden eine ähnlich schwierige Aufgabe, denn sie waren in den ebenso weiten Räumen am Mittelmeer und in den trockenen und heißen Wüstengebieten Libyens und Ägyptens eingesetzt.

NEUNTES KAPITEL

Das Verderben der Geleitzüge

Die Operationen im Mittelmeerraum in den Jahren 1941 und 1942 können in drei Hauptabschnitte eingeteilt werden. Für die Alliierten kam es in erster Linie darauf an, die Insel Malta als Ausgangsbasis für die Angriffe gegen die Schiffahrt der Achse im mittleren Mittelmeer zu halten. Hier kam es im Lauf der Zeit zu immer härteren Kämpfen um die alliierten Geleitzüge nach Malta. Dies war der erste Abschnitt. Die Geleitzüge fuhren entweder durch die Straße von Gibraltar im Westen, wo sie von der ›Force H‹ (Britisches Gibraltar-Geschwader) geschützt wurden, oder sie kamen um das Kap der Guten Hoffnung über Alexandria. Hier übernahm das Gros der Mittelmeerflotte den Geleitschutz. Beide Routen brachten große Gefahren mit sich. Der Zustand der Flotte sowie die Stärke der Achsen-Kräfte entschieden über Erfolg oder Mißerfolg dieser Unternehmen.

Den zweiten Abschnitt bildeten die verschiedenen Offensiven und Gegenoffensiven im Wüstenfeldzug. Hier versuchten die Achsenstreitkräfte, zum Suezkanal durchzustoßen. Die Briten wollten zunächst ihre Stellungen halten und dann einen Gegenangriff führen. Dabei kam es zu einer ganzen Serie von Angriffen und Gegenangriffen entlang der Küste. Die Belagerung von Tobruk Anfang 1941 bedeutete für Verteidiger wie Angreifer eine weitere Belastung. Die von den Briten verteidigte Festung verbrauchte große Mengen Material, denn die britischen Geleitzüge, die den Nachschub heranbrachten, erlitten schwere Verluste. Aber vom Standpunkt Churchills war das Ganze eine wichtige Prestigeoperation. Die Achsenmächte waren sich dieses Kriegsschauplatzes in ihrem Rücken immer bewußt und unternahmen erhebliche Anstrengungen, um die Briten auszuschalten.

Den dritten Abschnitt kann man in dem Versuch der Achsenstreitkräfte sehen, Malta durch konzentrierte Bombenangriffe auszuschalten. Der Umfang dieser Operationen, die fast ohne Unterbrechung weitergingen, wechselte je nach der strategischen Lage an anderen

Fronten und danach, welche Kräfte der Luftwaffe jeweils zur Verfügung standen. In all diesen Abschnitten des komplexen Krieges im Mittelmeerraum spielte der deutsche Stuka eine bedeutende Rolle.

Wie bereits berichtet, zögerten die Deutschen, ihre italienischen Verbündeten mit großen Mengen von Ju 87 zu beliefern, die sich bei den Italienern nicht weniger gut bewährten als zuvor bei den Deutschen. In Foggia wurde unter Major Peltz eine Sturzbomberschule eingerichtet und schnell ausgebaut. Einer der ersten italienischen Stukaverbände war die Squadriglia 239, die im Mai 1941 in Nordafrika eingesetzt wurde. Während die deutschen Stukagruppen sich an den Kämpfen um die Insel Kreta beteiligten und dort neue Lorbeeren gewannen, bewährte sich die 239 mit ihren neuen Flugzeugen über Libyen.

Dieser Verband, der nie über mehr als 10 Flugzeuge verfügte, wurde sehr bald gegen alliierte Schiffe im Raum Tobruk eingesetzt und konzentrierte sich fast ausschließlich darauf, die Versorgung der Festung zu unterbinden. Seinen ersten Sieg erfocht er am 25. Mai mit der Versenkung des Tankers ›Helka‹ (3471 BRT) im Hafen von Tobruk. Auf dem gleichen Feindflug versenkten die Sturzbomber vor dem Hafen die Sloop ›Grimsby‹ (990 ts).

Am nächsten Tage griff die Squadriglia 239 Schiffe bei Marsa Luch an, konnte aber keine Treffer erzielen. Am 24. Juni versenkten fünf Stuka des Verbandes die Sloop ›Auckland‹ vor Tobruk. Das war ein australisches Schiff vom gleichen Typ wie die vor Norwegen versenkte ›Bittern‹. Fünf Tage später errang der italienische Verband einen noch größeren Erfolg gegen die australische Flotte.

Admiral Cunningham berichtet, die Versorgung von Tobruk sei für die Zerstörer und kleinen Schiffe eine sehr schwierige Aufgabe gewesen. In zwei von drei Nächten wurden jeweils zwei Zerstörer mit Nachschub nach Tobruk geschickt. Der sogenannte ›Tobruk Run‹ wurde zu einem ebenso gefährlichen Unternehmen wie der ›Tokyo Express‹, ein Unternehmen japanischer Zerstörer zur Versorgung von Guadalcanal, wo ebenfalls sehr hohe Verluste eintraten.

Bei einer solchen Versorgungsfahrt verließen die Zerstörer ›Defender‹ und ›Waterhen‹ (von der australischen Flotte) am 28. Juni mit Nachschub und Verstärkungen beladen den Hafen von Alexandria. Auf der schnellen Fahrt entlang der Küste, bei der die Zerstörer ständig gefechtsbereit blieben, wurden sie nicht entdeckt und kamen ohne Zwischenfälle am Abend des 29. Juni bis in den Golf von Sollum.

Man hoffte, Tobruk nach Einbruch der Dunkelheit in der Nacht zu erreichen, die Ladung zu löschen und bis zum Morgengrauen wieder auf See zu sein.

Diese Hoffnungen zerschlugen sich, als um 19.45 Uhr ein fliegender Verband in Sicht kam, der sich den Schiffen näherte. Als die Flugzeuge heran waren, erkannte man an ihren Umrissen, daß es Stuka waren. Die beiden Zerstörer begannen sofort mit Ausweichmanövern, als die Ju 87 abkippten und angriffen. In einigen Berichten heißt es, 42 Maschinen hätten sich an diesem Angriff beteiligt. In Wirklichkeit waren es nur 7 Stuka der 239. Squadriglia, aber sie setzten ihren Angriff sehr präzise an.

Die ›Waterhen‹ wurde von einer 250-Kilo-Bombe getroffen und durch die Splitter mehrerer Bomben leckgeschlagen, welche dicht neben ihr ins Wasser gefallen waren. Allerdings traten keine blutigen Verluste ein. Das Schiff verlor an Fahrt, die ›Defender‹ kam längsseits und übernahm die auf der ›Waterhen‹ eingeschifften Truppen. Dann fuhr sie mit gleichem Kurs weiter, wobei sie immer noch angegriffen wurde. Die ›Waterhen‹ blieb liegen, überstand jedoch weitere Angriffe. Nach Einbruch der Dunkelheit kehrte ihr Schwesterschiff zurück und nahm sie in Schlepp, um sie in Sicherheit zu bringen. Aber das gelang nicht mehr; der altmodische kleine Zerstörer (er war 1918 für die britische Flotte gebaut worden) legte sich um 1.50 Uhr auf die Seite und sank.

Die ›Defender‹ überlebte zwar dieses Unternehmen, wurde jedoch am 11. Juli vor Sidi Barani bei einem ähnlichen Luftangriff getroffen und sank im Schlepp des australischen Zerstörers ›Vampire‹. Der gleiche italienische Verband versenkte am 15. Juli vor Ras Azzaz einen Dampfer und griff am 28. Juli vor Tripolis ein U-Boot an.

Die Ju 87 des X. Fliegerkorps operierten über dem westlichen Mittelmeer und griffen am 8. und 9. Mai ohne Erfolg den von Gibraltar kommenden Geleitzug ›Tiger‹ an. Noch im gleichen Monat wurde das Gros des Verbandes auf den Balkan verlegt. Von nun an operierten auf Sizilien stationierte italienische Verbände, besonders die Gruppo 101, in diesem Seegebiet.

In der Wüste unterstützte der Fliegerführer Afrika das Afrikakorps

Rommels mit seinen Stukagruppen, die aber niemals über mehr als 60 Flugzeuge verfügten, und auch die waren nicht immer voll einsatzfähig. Dieser Verband flog die Ju 87 R-2/trop. Das St.G. 1 war besonders aktiv. Die Italiener hatten hier ebenfalls eine Staffel (10 bis 12 Flugzeuge) eingesetzt. Zunächst war es die 239. und später die 209. Squadriglia. Im April waren nur 40 bei Derna stationierte deutsche Stuka einsatzbereit. Die Italiener verfügten über sechs Maschinen.

In den letzten Monaten des Jahres 1941 war die deutsche Luftwaffe mit der Masse ihrer Verbände in Rußland gebunden. Die Tätigkeit der Stuka im Mittelmeerraum ließ nach. Nur am 27. September flog die 101. Gruppo gegen den für Malta bestimmten Geleitzug ›Substance‹ einen Angriff, der jedoch keine Erfolge brachte.

Als Ende November 1941 Kesselrings Luftflotte 2 mit dem II. Fliegerkorps unter Bruno Loerzer im mittleren Mittelmeergebiet eintraf, bedeutete dies eine Konzentration von Kräften, welche alle weiteren Operationen in diesem Raum beherrschen sollten. Kesselring übernahm die Verantwortung für den ganzen Kriegsschauplatz. Das II. und X. Fliegerkorps teilte er jeweils dem mittleren bzw. dem ostwärtigen Gebiet zu. Obwohl noch längere Zeit über eine mögliche Einnahme Maltas durch Luftlandetruppen gesprochen wurde, gab man dieses Unternehmen schließlich aufgrund der Befürchtungen Hitlers auf, die Italiener seien einer solchen Aufgabe nicht gewachsen. Zudem hoffte man, die Luftwaffe könne die Insel auch allein ausschalten. Rommel und seine italienischen Verbündeten hatten indessen eine neue Offensive begonnen mit dem Ziel, das Nildelta zu nehmen.

Das II. Fliegerkorps verlegte zwei Gruppen und zwei Staffeln Stuka auf den Flugplatz Castelvetrano auf Sizilien. Ende Dezember verfügte die deutsche Luftwaffe auf Sizilien über 425 Flugzeuge aller Typen. Die Angriffe gegen Malta nahmen ihren Anfang.

Die im Januar begonnene Luftoffensive erreichte im März und April ihren Höhepunkt. Das dicht besiedelte Hafengebiet von La Valetta wurde dem Erdboden gleichgemacht. Im Hafen selbst erlitt die britische Flotte als Hauptangriffsziel der Stuka schwere Verluste. Bei Beginn der Operationen befanden sich mehrere Kreuzer und Zerstörer in Malta, die hier repariert werden sollten, nachdem sie in den heftigen Kämpfen um die Geleitzüge im Januar und März beschädigt worden waren. Aber Malta war jetzt nicht mehr ein Zufluchtsort, sondern wurde für diese bewegungsunfähigen Schiffe zur Todesfalle.

Die Verluste steigerten sich und erreichten im April den Höhepunkt. Schiffe, welche die ersten Angriffe überlebt hatten, wurden notdürftig repariert und fuhren nach Gibraltar und Alexandria, um sich dort in Sicherheit zu bringen. Aber viele waren bewegungsunfähig und wurden an Ort und Stelle versenkt. Allein am 5. April wurden nicht weniger als drei Zerstörer — die ›Gallant‹, die ›Kingston‹ und die ›Lance‹ — vollkommen zerstört, während viele kleinere Schiffe, Minenräumboote und Hilfsfahrzeuge versenkt wurden. Bei den ebenso wirksamen Angriffen gegen die Flugplätze auf Malta gingen 125 Flugzeuge verloren. Aber auch die Luftwaffe mußte Verluste hinnehmen. Der italienische Außenminister Graf Ciano notierte zynisch:

»Die Deutschen haben über Malta viele Federn gelassen.«

Malta wurde jetzt allerdings nicht mehr wie zu Beginn des Krieges nur von wenigen Jagdflugzeugen des Typs Gloster Gladiator verteidigt. Die Werften waren durch Hunderte von Flakstellungen geschützt. Britische Flugzeugträger brachten laufend neue Spitfire-Maschinen zur Verstärkung heran. Zweimal beteiligte sich auch der amerikanische Flugzeugträger ›Wasp‹ an diesen Unternehmen. Seine Maschinen konnten erfolgreich in den Kampf um die Luftherrschaft über der Insel eingreifen.

Am 10. Mai war Kesselring zu der Auffassung gelangt, daß die Schlacht gewonnen sei. Als Marinebasis war Malta in der Tat ausgeschaltet worden. Aber U-Boote und Torpedobomber operierten trotz der Schwierigkeiten weiter und bekämpften die Schiffahrt der Achsenmächte. Zahlreiche fliegende Verbände, unter ihnen auch die II./St.G. 3, waren indessen nach Nordafrika verlegt worden, um Rommel bei seiner neuen, am 26. Mai begonnenen Offensive zu unterstützen.

Mr. Rowlands schildert sehr lebendig, wie einem Soldaten zumute war, der von Stuka angegriffen wird:

»In der Woche vor dem 1. Juni 1942 war das 7. Medium Regiment Royal Artillery der 150. Brigade zugeteilt, und wir lagen vor Gazala

in der sogenannten ›Stuka Allee‹. Die Stuka kamen jeden Morgen so pünktlich, daß man die Uhr danach stellen konnte, und es war jedesmal die Frage, wen sie als nächsten aufs Korn nehmen würden.
Wir waren am 1. Juni dran. Wir machten Stellungswechsel in eine Stellung, aus der vorher eine schwere Batterie herausgeschossen worden war. Auch uns erwartete nun ein ähnliches Schicksal. Wir wurden von Panzern in die offene Wüste hinausgeschleppt, um dort in Stellung zu gehen. Der Boden war sehr steinig, und es war unmöglich, Geschützstellungen oder Schützenlöcher auszuheben.
Es war eben 10.00 Uhr morgens, und wir schossen gerade auf deutsche Panzer. Es herrschte ein ohrenbetäubender Gefechtslärm, denn unsere Geschütze schossen, und ringsum schlugen feindliche Granaten ein. Erst als ich zufällig nach oben blickte, sah ich, daß die Stuka bereits über uns kreisten. Ich dachte, ›jetzt ist es soweit‹, und warf mich auf den Boden, als die Hölle losbrach. Mein Geschütz wurde bald getroffen, und ich erinnere mich, wie ich immer wieder hochgeworfen wurde und auf den Boden zurückfiel, während die Detonationen unsere Stellung erschütterten.
Als Rauch und Staub sich verzogen hatten, waren die Geschütze und Fahrzeuge ein brennendes Gewirr verbogenen Metalls, und rings umher detonierte unsere Munition. Nach einiger Zeit verspürte ich Schmerzen am ganzen Körper. Ich war nicht verwundet worden, aber durch das Herumgeworfenwerden auf dem Boden völlig zerschlagen. Wir hatten hohe Verluste, wurden sehr bald überrannt und gefangengenommen. Wir waren wie erlöst. Einen Stukaangriff wollte ich nicht noch einmal erleben.«*
Das Afrikakorps umging die britische Stellung bei Gazala in weitem Bogen. Das St.G. 3 unter Oberstleutnant Sigel zerschlug am 3. Juni die befestigten Stellungen mit schweren Stukaangriffen. Trotzdem entwickelten sich bei Bir Hacheim harte Gefechte. Im Lauf einer Woche verlor das St.G. 3 14 Maschinen.
Die Stukaverbände verfügten in dieser Zeit über höchstens 70 Maschinen. Diese Zahl blieb sich gleich, obwohl die Stuka, die in der ersten Woche der Offensive 100 Einsätze flogen, schwere Verluste hatten. Um den Widerstand in Bir Hacheim zu brechen, zogen die

* Mündlicher Bericht von Mr. B. de H. Rowlands, Februar 1970.

Deutschen am 9. Juni mehr als 100 Ju 87 zusammen, welche die französische Brigade, die diese Schlüsselstellung hielt, in zwei Wellen angriffen. Nachdem die deutsche Infanterie die Festung anschließend zwei Tage berannt hatte, wurde sie genommen.

Rommel hatte nun den entscheidenden Durchbruch erzielt. Der britische Rückzug verwandelte sich in regellose Flucht. Tobruk, das sich im Jahr zuvor so lange gehalten hatte, wurde, nachdem die Achsenstreitkräfte zunächst daran vorbeigestoßen waren, im Überraschungsangriff genommen. Das ganze Unternehmen war ein Modellfall für die Zusammenarbeit zwischen Panzern und Stuka. Das St.G. 3 zerschlug im Morgengrauen um 5.02 Uhr die britischen Verteidigungsstellungen, die deutsche Infanterie strömte durch die Breschen in die Festung hinein. Weitere Luftangriffe von Maschinen der Typen Ju 88, Bf 110 und C.R. 42 fanden ihren Höhepunkt in einem zweiten schweren Stukaangriff gegen die Forts Pilastrino und Solaro, an dem sich auch 10 Maschinen der italienischen 209. Squadriglia beteiligten. Innerhalb von 24 Stunden war Tobruk gefallen.

Ende August waren die Briten bis auf die Alamein-Stellung zurückgeworfen. Rommel legte eine Ruhepause ein, um seine Kräfte für den entscheidenden letzten Schlag zu sammeln. Obwohl die Stuka 1942 schon drei Jahre ständig im Einsatz waren, erzeugten sie bei der feindlichen Infanterie immer noch Panik und Verwirrung. Alan Moorehead schreibt:

»Außer ein paar improvisierten Jagdflugzeugen hatten wir überhaupt keine Sturzkampfflugzeuge. Es ist sinnlos, wenn sich die Militärexperten ereifern und behaupten, der Stuka sei eine Fehlkonstruktion und sehr verwundbar gewesen. Man frage die Feldtruppe! Allein seine Wirkung auf die Kampfmoral rechtfertigte seinen Einsatz im Nahen Osten, solange wir über zu wenige Jagdflugzeuge verfügten. Wir jedenfalls hielten den Stuka für gut genug, um selbst den Versuch zu unternehmen, einen eigenen Sturzbomber zu entwickeln.«*

Wie der Verlust Tobruks zeigt, war es nicht nur die Wirkung auf die Kampfmoral des Gegners, welche den Einsatz des Sturzbombers rechtfertigte. Während des deutschen Vorstoßes wurden die Generale Briggs und Lumsden in einem sehr kritischen Augenblick durch Split-

* Alan Moorehead: ›The Desert War‹, Hamish Hamilton, London 1947.

ter einer Stukabombe in der Wüste verwundet. Kesselring schreibt über die Offensive, so schwach die deutsch-italienischen Streitkräfte in Afrika auch gewesen seien, den Briten waren sie weit überlegen. Die deutschen Jäger hätten den Luftraum über dem Kampfgebiet beherrscht, und die Briten hätten die Stuka ebensosehr gefürchtet wie die Deutschen sie geschätzt hätten.**

Aber es konnte nicht so weitergehen. Die Verluste der Luftwaffe in der Junioffensive, gekoppelt mit der Kraftstoffknappheit und der wachsenden Stärke der RAF im Nahen Osten, hatten zur Folge, daß Rommels Kräfte nahezu erschöpft waren, als sie die Alamein-Stellung erreichten. Er mußte eine Pause einlegen, um seine Truppen zu versorgen und aufzufüllen. Aber während dieser Pause wandte sich das Kriegsglück schließlich zugunsten der Briten.

Die vielen Einsätze gegen die Geleitzüge der britischen Flotte zur Versorgung von Malta stellten an die deutsche Luftwaffe zu hohe Anforderungen. Die Fahrt eines jeden dieser Geleitzüge wurde zu einer größeren Flottenoperation. Die mangelhaften Leistungen der italienischen Kriegsmarine bedeuteten, daß die Verbände der Luftflotte 2 neben ihren anderen Aufgaben die Hauptlast der Offensive zu tragen hatten.

Im Juni setzte die britische Flotte eines der größten Unternehmen an. Die Geleitzüge kamen jetzt aus zwei Richtungen in das Mittelmeer, um die angreifenden Achsenstreitkräfte zu spalten: von Gibraltar kam der Geleitzug ›Harpoon‹, bestehend aus sechs Versorgungsschiffen und Tankern und begleitet von dem Schlachtschiff ›Malaya‹, den alten Flugzeugträgern ›Eagle‹ und ›Argus‹, drei modernen Kreuzern und acht Zerstörern. Von Alexandria und Pord Said kam der Geleitzug ›Vigorous‹. Das waren elf Frachtschiffe, begleitet von acht Kreuzern und 27 Zerstörern unter dem Kommando von Admiral Vian. Beide Verbände befanden sich am 12. Juni mit Kurs auf Malta in See.

Am 14. Juni begannen die Luftangriffe gegen den Geleitzug ›Harpoon‹. Auf Sardinien stationierte italienische Luftstreitkräfte griffen die Schiffe um 10.30 Uhr mit C.R. 42-Jagdbombern an. Es folgten Angriffe von 14 S. 84- und SM. 79-Torpedobombern, 18 Cant Z. 1007 b — mittleren Bombenflugzeugen — und 19 Maschinen vom

** Albert Kesselring: ›Soldat bis zum letzten Tag.‹ Bonn 1953, S. 163.

Typ C.R. 42, die von 20 Jägern des Typs C. 200 eskortiert wurden. Die beiden Flugzeugträger konnten nur 10 Jagdflugzeuge zur Verteidigung einsetzen, die jedoch nichts gegen die überlegenen feindlichen Kräfte ausrichten konnten. Der Kreuzer ›Liverpool‹ wurde von einem Torpedo getroffen und mußte nach Gibraltar geschleppt werden. Der Frachter ›Tanimbar‹ wurde von Bomben getroffen und versenkt.

Erst am 15. Juni kam der Geleitzug dann in den Bereich der Stuka, und um 5.00 Uhr starteten 17 Ju 87 der Gruppo 102 unter der Führung einer Maschine des Typs SM. 79 mit 19 Begleitjägern C. 200 auf dem Flugplatz Gela und griffen die Schiffe an. Sie meldeten Treffer auf einem Kreuzer und einem Handelsschiff.

Es folgten weitere Angriffe italienischer und deutscher Flugzeuge. Auch Einheiten der italienischen Flotte griffen in das Gefecht ein. Dabei erlitt der Geleitzug neue Verluste. Um die Mittagszeit griff die Gruppo 102 mit 10 Flugzeugen an und meldete Treffer auf zwei Handelsschiffen. Zwei Stuka wurden durch Schiffsflak abgeschossen. Der Rest des Geleitzuges lief, nachdem er die Angriffe der Flugzeuge und Schiffe überstanden hatte, vor Malta in ein Minenfeld und verlor noch einmal eine Anzahl von Schiffen. Insgesamt erreichten nur zwei der sechs Frachtschiffe dieses Verbandes die Insel.

Dem von Osten her kommenden Geleitzug ›Vigorous‹ erging es noch schlechter. Das Gros der italienischen Flotte war ausgelaufen und hatte sich zwischen den Geleitzug und Malta gelegt. Während die Briten auf die Ergebnisse der Luftangriffe warteten, welche gegen die italienische Flotte geführt wurden, griffen Verbände der deutschen Luftwaffe von Kreta, Griechenland und Libyen aus denselben Geleitzug mit stärksten Kräften an.

Mehrere Handelsschiffe und Begleitschiffe wurden getroffen und mußten umkehren. Eines dieser Schiffe, der holländische Frachter ›Aagtekirk‹, wurde vor Tobruk von der II./St.G. 3 abgefangen. Der Begleitzerstörer ›Tetcott‹ versuchte tapfer, den Massenangriff der 40 Sturzbomber abzuwehren, und meldete den Abschuß von drei Ju 87. Er konnte aber das Handelsschiff nicht mehr retten, das im Bombenhagel sank.

Am 15. und 16. Juni wurde der Verband des Admirals Vian in mehreren Wellen von Bombenflugzeugen, Schnellboten und U-Booten angegriffen. Als diese Angriffe endlich abgewehrt waren, hatten die Stuka den Kreuzer ›Hermione‹ und die Zerstörer ›Airedale‹, ›Hasty‹ und ›Nestor‹ versenkt, dazu zwei weitere Frachtschiffe. Die Ju 87 hatten außerdem den Kreuzer ›Birmingham‹ schwer beschädigt. Die Luftwaffe hatte bei dem ganzen Unternehmen nur eine Ju 88 und eine Ju 87 verloren. Nicht ein einziges britisches Schiff dieses Verbandes erreichte Malta.

Die schwerste Auseinandersetzung, die sich 1942 um einen für Malta bestimmten Geleitzug entwickelte, brachten die massiven Angriffe gegen den Geleitzug ›Pedestal‹ im August.

Die Achsenstreitkräfte zogen alle verfügbaren Flugzeuge zum Einsatz gegen diesen Verband zusammen. Sogar Maschinen aus Nordafrika und Kreta nahmen an dem Unternehmen teil. Der Geleitzug bestand aus 14 großen Handelsschiffen und fuhr in der Nacht vom 9. zum 10. August, begleitet von zwei Schlachtschiffen, drei großen Flugzeugträgern, sechs Kreuzern, einem Flakkreuzer und mehr als dreißig Zerstörern durch die Straße von Gibraltar. Zu dem Verband gehörte auch der Flugzeugträger ›Furious‹, der Spitfire-Maschinen für Malta geladen hatte.

Der Geleitzug wurde vom 11. bis zum 13. und 15. August, als die Überlebenden in Malta eintrafen, ununterbrochen von U-Booten, Schnellbooten und Flugzeugen angegriffen. Bei diesen Angriffen spielten die Ju 87 eine wichtige Rolle. Den Italienern standen etwa 30 Stuka der Gruppo 102 zur Verfügung, während die deutsche Luftwaffe sehr schnell 26 Sturzbomber der I./St.G. 3 aus Trapani heranbrachte.

Die auf Pantelleria stationierte Gruppo 102 griff am 12. August um 18.40 Uhr mit neun Flugzeugen an, nachdem sie den Verband 18 Meilen nordostwärts der Insel La Galite gesichtet hatte. Die Sturzbomber flogen in zwei Verbänden an und stimmten ihren Angriff mit den Horizontalbombern und Torpedobombern ab. Zwar fielen einige Bomben ganz in die Nähe des Schlachtschiffes ›Rodney‹ und des Kreuzers ›Cairo‹, aber die italienischen Stuka konnten keine Treffer erzielen und verloren zwei Maschinen.

Der Geleitzug hatte bis jetzt nur einen Zerstörer verloren, der von einem Lufttorpedo getroffen worden war. Aber nun erschienen zwölf Stuka der I./St.G. 3, stürzten sich durch sehr starkes Abwehrfeuer auf die Schiffe und erzielten nicht weniger als zwei Treffer auf dem Flugzeugträger ›Indomitable‹, in dessen unmittelbarer Nähe drei weitere Bomben einschlugen. Es brachen sofort starke Brände aus, aber der Flugzeugträger hielt sich über Wasser. Er konnte jedoch seine Flugzeuge nicht mehr starten lassen und zog sich deshalb zurück. Der Stukaverband verlor durch das heftige Abwehrfeuer ein Flugzeug, das von einer Flak-Granate zerrissen wurde.

In der Nacht erlitt der Geleitzug, der jetzt nur noch von Kreuzern und Zerstörern begleitet wurde, schwere Verluste durch U-Boot- und Schnellbootangriffe. Im Morgengrauen des 13. August war der Verband bereits weit zerstreut. Nun gingen die fliegenden Verbände der Achsenmächte daran, unter den übriggebliebenen Schiffen aufzuräumen. Um 9.15 Uhr griffen 16 Stuka der Gruppo 102 den Hauptverband in einem, wie der die Begleitschiffe befehligende Admiral berichtete, »zum Äußersten entschlossenen Angriff« an. Das Angriffsziel war der für die Briten so wichtige einzige Tanker ›Ohio‹.

Der Tanker wurde von einer 250-Kilo-Bombe getroffen, aber zwei Angreifer wurden durch das Flakfeuer der ›Ohio‹ und des Zerstörers ›Ashanti‹ abgeschossen. Eine von einem Oerlikongeschütz getroffene Ju 87 fiel auf das Deck des Tankers und explodierte, aber die ›Ohio‹ konnte ihre Fahrt fortsetzen. Sie erreichte schließlich als eines von fünf Schiffen aus diesem Geleitzug die Insel Malta. Der relative Erfolg des Geleitzuges befreite Malta von der Gefahr einer Hungersnot. Wieder nahmen die Briten von hier aus ihre Angriffe gegen die Nachschublinien der Achenstreitkräfte mit neuer Energie auf.

Zum Angriff gegen den Geleitzug ›Pedestal‹ waren die bisher stärksten Kräfte über dem Mittelmeer eingesetzt worden. Danach wurden Italiener und Deutsche allmählich mehr und mehr in die Defensive gezwungen. Die bei ihren Verbänden eingetretenen Verluste wurden nicht mehr ersetzt. Der russische Kriegsschauplatz verschlang allmählich den Rest der vorhandenen deutschen Reserven. Der militärische Druck der Alliierten verstärkte sich auf allen Seiten.

Am 24. Oktober 1942 trat Montgomery an der Alamain-Front zur entscheidenden britischen Offensive an. Rommel, zur Luft unterlegen, wurde von den frisch ausgerüsteten britischen Armeen geschlagen. Mit allen verfügbaren Flugzeugen sollte der Durchbruch verhindert werden, aber sie erlitten schwere Verluste. Die beim Afrikakorps eingesetzten Stukaverbände verfügten nur noch über 30 einsatzbereite Flugzeuge.

Dies waren jedoch nicht die einzigen Sorgen der Deutschen, denn am 8. November landeten anglo-amerikanische Kräfte in Französisch-Nordafrika. Nachdem sie den Widerstand der Vichy-Franzosen rasch gebrochen hatten, bedrohten sie die Armeen der Achse im Rücken. Zwar befanden sich noch 30 Stuka der Luftflotte 2 auf Sardinien und Sizilien, aber das genügte nicht, um den Verlauf der Kämpfe noch entscheidend zu beeinflussen. Die meisten dieser Maschinen wurden in aller Eile nach Tunesien verlegt, wo die Luftwaffe mit dem Rücken zur See eine Zeitlang die örtliche Luftüberlegenheit zurückgewinnen konnte.

Die Hauptstärke der deutschen Luftwaffe lag bei den Torpedo- und Langstreckenbomber-Verbänden, die jetzt aus Frankreich, Norwegen und sogar aus Rußland herangezogen wurden. Aber auch das genügte nicht. Die aus Sizilien herangeführten Stukaverbände bildeten einen Teil der dem Fliegerführer Tunis unterstellten Kräfte. Sie mußten auf einer Betonstraße außerhalb der Stadt starten (die ihnen bei den im Dezember herrschenden, sehr ungünstigen Wetterbedingungen günstigere Möglichkeiten bot als die aufgeweichten Startbahnen auf den Feldflugplätzen der Alliierten). Ende 1942 gab es im Mittelmeerraum nur noch 60 einsatzbereite Stuka, davon 10 in Sizilien, 20 in Tunesien und 30, die den Rückzug Rommels nach Westen deckten. Die Deutschen setzten jetzt mehr die schnellen Jagdbomber der Typen Fw 190 und Bf 110 ein, hauptsächlich zur Erdkampfunterstützung, denn die für die langsamen Ju 87 so wichtige Luftüberlegenheit war verlorengegangen.

Trotzdem gelang es den Stukaverbänden, die mit einer neu aufgestellten Hs 129-Gruppe zusammenarbeiteten, den Alliierten bei den Offensiven bei Feriana und Sbeitla noch einmal blutige Verluste beizubringen, als sie am 14. Februar 1943 360 Einsätze flogen. Aber diese Erfolge an örtlich begrenzten Frontabschnitten konnten den Ausgang des Feldzuges nicht mehr beeinflussen. Ende April wurden alle Stuka-Verbände nach Sizilien und auf das italienische Festland zurückverlegt. Die Katastrophe war nicht mehr aufzuhalten.

ZEHNTES KAPITEL

Der Flugzeugträger, der nie fertig wurde

Die Geschichte der Zusammenarbeit zwischen Luft- und Seestreitkräften ist eine etwas klägliche Geschichte, aber die Stuka spielen darin nur eine untergeordnete Rolle. Vor dem Kriege hatte die deutsche Kriegsmarine geplant, ihre zahlenmäßige Unterlegenheit an Schlachtschiffen gegenüber der britischen Flotte durch den Bau und Einsatz von Flugzeugträgern auszugleichen. Man hatte vor, auf diesen Trägern hauptsächlich umgebaute Ju 87 einzusetzen. Wäre dieser Plan verwirklicht worden, dann hätte er wahrscheinlich auch Erfolge gebracht, besonders nachdem es sich vor Norwegen und an der niederländischen Küste gezeigt hatte, welche Wirkungen man mit Stukas im Einsatz gegen Schiffsziele erreichen konnte. Aber nach manchen falschen Anläufen wurde doch nichts aus diesem Plan.

Seit Beginn des mit hohem Tempo durchgeführten Aufbaus der Luftwaffe hatte Göring verlangt, »alles, was fliegt«, müsse ihm unterstellt werden. Er war ein entschiedener Gegner der Marinefliegerei. Nach 1935 hatte man außerdem die besten Piloten der deutschen Marine in die Luftwaffe versetzt. Damit hatte die Marine kein Personal mehr, mit dem sie etwas hätte aufbauen können. Trotzdem wurde 1935 der Bau des ersten deutschen Flugzeugträgers in die Wege geleitet, der den Namen ›Graf Zeppelin‹ erhalten sollte.

Für die deutsche Kriegsmarine war solch ein Projekt etwas ganz Neues. Ohne jede Erfahrung mußte mit dem Bau begonnen werden, und so hielten die Fachleute in Großbritannien, den Vereinigten Staaten und Japan schon den Entwurf des Flugzeugträgers ›Graf Zeppelin‹ für schlecht. Der Hauptfehler lag in der Tatsache, daß die deutschen Konstrukteure mehr Wert auf die Funktion als Kriegsschiff gelegt hatten als auf die Eignung zur Unterbringung und zum Einsatz von Flugzeugen. Mit einer Wasserverdrängung von 23 000 ts entsprach die ›Graf Zeppelin‹ der damals in Großbritannien im Bau befindlichen ›Illustrious‹-Klasse. Aber sie sollte mit sechzehn völlig überflüssigen 15-cm-Marine-Geschützen bestückt werden, die nur gegen andere Schiffe eingesetzt werden konnten. Bei allen Kriegsflotten hatte man in früheren Jahren die Flugzeugträger zunächst mit solchen Waffen ausgerüstet. Einige japanische und amerikanische Träger waren sogar mit 20,3-cm-Geschützen bestückt worden. Aber jetzt hielt man es für wichtiger, den Flugzeugträger in erster Linie mit genügend Flak auszustatten und die Bekämpfung anderer Schiffe den begleitenden Schlachtschiffen und Kreuzern zu überlassen. 15-cm-Geschütze waren allenfalls Waffen für einen leichten Kreuzer und hätten im Kampf gegen schwere britische Kreuzer der ›County‹-Klasse nicht genügt, welche in der Hauptsache die Überwachung der Seewege übernommen hatten. Da Flugzeugträger aber gerade dort zu operieren hatten, wären solche Geschütze nur eine Belastung gewesen, die Gewicht und Raum für wichtigere Einrichtungen kosteten.

Die Fla-Waffen des Trägers, ein Gebiet, auf dem die Deutschen den Briten 1939 weit überlegen waren, ließen nichts zu wünschen übrig. Die zwölf 10,5-cm-Geschütze standen etwas ungeschickt an Steuerbord und wurden von vier Zielgeräten aus gerichtet. Die gleiche Anordnung hatten die amerikanischen Flugzeugträger der ›Essex‹-Klasse. Die Geschütze hatten nur nach steuerbord freies Schußfeld; sollten sie nach backbord schießen, mußte der Flugbetrieb unterbrochen werden. Die mittlere und leichte Flak bestand aus 22 automatischen Schnellfeuerkanonen vom Kaliber 3,7 cm und 28 leichten automatischen 2-cm-Flak. Diese Konzeption war allem überlegen, was die britischen Kriegsschiffe damals und auch noch zehn Jahre später aufzuweisen hatten. Das Schiff sollte eine Geschwindigkeit von 33,8 Knoten fahren. Das war sehr viel. Aber das Flugdeck sollte mit einer 4 bis 5 cm dicken Panzerplatte abgedeckt sein. Damit wurde die Zahl der Flugzeuge, die der Träger aufnehmen konnte, weiter herabgesetzt, ohne daß diese Panzerung das Schiff wirksam zu schützen vermochte.

Die ›Graf Zeppelin‹ sollte 42 Flugzeuge aufnehmen. Das war eine verhältnismäßig geringe Zahl. Vorgesehen waren im letzten Baustadium 12 Jagdflugzeuge Bf 109 G und 30 Stuka Ju 87 D. 1938 lief die ›Graf Zeppelin‹ in Kiel vom Stapel. Man begann sofort mit dem Bau eines Schwesterschiffes. Aber das Projekt stieß im Lauf der Zeit auf immer größere Schwierigkeiten.

Dafür, daß so viele Marineflieger zur Luftwaffe versetzt worden waren, hatte Göring dem Großadmiral Raeder versprochen, er werde der Kriegsmarine bis 1942 alle von ihr benötigten Maschinen zur Verfügung stellen. 1935 belief sich die Schätzung auf etwa 62 Staffeln oder 700 Flugzeuge. Diese Zahl wurde vor dem Kriege nie auch nur annähernd erreicht. Trotz des Widerstandes der Kriegsmarine wurden alle ihr unterstellten Einheiten sehr bald wieder in die Luftwaffe eingegliedert, ihre taktischen Führer wurden nur für die Dauer von Übungen zur Marine kommandiert.

Es sollte aber noch schlimmer kommen, denn im November 1938, kurz bevor die ›Graf Zeppelin‹ vom Stapel lief, teilte OKL dem OKM mit, die Luftwaffe betrachte sich für alle Luftoperationen über See als voll zuständig und verantwortlich. Es begann ein Tauziehen ähnlich der Kontroverse um die fliegenden Verbände der britischen Flotte, die damals in Großbritannien ihren Höhepunkt erreichte. Aber als man im Januar 1939 endlich zu einer Einigung kam, hatte die Luftwaffe die Zügel in der Hand.

Die einzigen Zugeständnisse gegenüber Raeder bestanden darin, daß die Luftaufklärung über See der Marine überlassen wurde. Alles andere blieb Sache der Luftwaffe. Sie erklärte sich bereit, der Marine 9 Staffeln Seeflugzeuge, 18 Staffeln mittlere Bomber, 12 Staffeln für die Flugzeugträger und zwei Staffeln Katapultflugzeuge für die Verwendung auf großen Kriegsschiffen zur Verfügung zu stellen. Im großen und ganzen wurden die Maschinen dann auch so geliefert. Sechs Bomber-Gruppen wurden ausschließlich mit Maschinen vom Typ Heinkel 111 ausgerüstet. Wenn der neue Bomber Ju 88 ausgeliefert wurde, dann sollte eine weitere Gruppe mit Maschinen dieses Typs ausgerüstet werden. Alle diese Maschinen waren normale mittlere Bombenflugzeuge, ausgerüstet mit normalen panzerbrechenden Bomben. Nur ganz wenige Seeflugzeuge konnten mit Torpedos bestückt werden.

Man hoffte, auf den Flugzeugträgern Stuka eines ganz neuen Typs verwenden zu können. Das war die Ju 87 T (T = Trägerflugzeug). Aber die Entwicklungsarbeit an diesem Typ wurde 1939 aufgegeben. Statt dessen baute man die Standardmaschine Ju 87 B für die Verwendung bei der Kriegsmarine um und stellte als erste Staffel die 4./186 auf, die mit dem neuen Flugzeugtyp ausgestattet wurde.

Die Ju 87 C war eine Version der Ju 87 B, bei der sich die Tragflächen nach Lösen der Holm-Anschlüsse elektrisch nach oben klappen ließen, um die Maschine in den Hangars der Träger eng parken zu können. Außerdem erhielt die Maschine ein Fahrgestell, das bei Notlandungen auf dem Wasser abgesprengt werden konnte. Am hinteren Ende des Flugzeugrumpfes, vorwärts des Sporns, den man beibehielt, wurde ein Landehaken angebracht. Die Ju 87 C-0 und die C-1 erhielten einige Verstärkungen und waren auch für Katapultstarts ausgerüstet.

Die wenigen Maschinen vom Typ C-1, die aus der Produktion kamen, wurden intensiv getestet. Aber die Ju 87 B, aus der dieser Typ entwickelt worden war, hatte eine zu geringe Reichweite. Deshalb erwies sich das Flugzeug als für die Kriegsmarine wenig geeignet. Das führte zur Entwicklung der schon oben erwähnten Ju 87 R. Aber inzwischen hatte man das Interesse an Trägerflugzeugen verloren. 1941 baute man die Maschinen vom Typ C-1 wieder zu Standardflugzeugen des Typs 87 B um. Jede weitere Entwicklungsarbeit am Sturzbomber für die Verwendung bei der Marine hörte auf. Spätere Versuche mit der Ju 88 führten zu nichts.

Da es an geeigneten Flugzeugen fehlte, geriet die Arbeit an dem Träger ins Stocken und kam im August 1940 zum Stillstand. Die ganze schwere Flak wurde ausgebaut, kam an Land zum Einsatz, und man schätzte, es werde ein Jahr dauern, bis das Schiff wieder neu bestückt werden könnte. Dringende Bedürfnisse an anderer Stelle, besonders für die Geräte des Feuerleitsystems, führten zu weiteren Verzögerungen, und obwohl der Träger zu 80 Prozent fertiggestellt war, wurde er wieder ins Trockendock gebracht.

1942 hatten Erfahrungen gezeigt, welchen großen Wert auf Trägern stationierte Flugzeuge haben konnten. Die Deutschen überdachten ihre Pläne noch einmal. Man wollte das Schiff jetzt in veränderter Form fertigstellen, aber der Mangel an Arbeitskräften und die Tatsache, daß vor 1944 keine Flugzeuge für diesen Zweck abgezweigt werden konnten, brachten es im April 1943 soweit, daß die Arbeit endgültig eingestellt wurde.

Während des russischen Vormarsches 1945 wurde die ›Graf Zeppelin‹ bei Stettin in der Odermündung versenkt. Die Sowjets hoben sie wieder, um sie in einen russischen Ostseehafen zu schleppen. Sie kenterte jedoch, weil die Russen sie mit Beute überladen hatten. Das war das Ende des einzigen deutschen Versuchs, einen Flugzeugträger zu bauen: zehn Jahre nach Kiellegung immer noch nicht fertig, verschwand sie unrühmlich von der Oberfläche.

Aber das war nicht der einzige Aspekt der Seekriegführung, den die Luftwaffe vernachlässigte. Erst 1941 begann sie sich für größere Operationen mit Torpedobombern zu interessieren, um damit dem Beispiel der italienischen Regia Aeronautica Aerosiluranti zu folgen, die im Mittelmeer beachtliche Erfolge mit dieser Waffe erzielt hatten.

Bis zum Dezember 1941 schlugen alle Versuche der wenigen begeisterten Verfechter des Gedankens, einen geeigneten Lufttorpedo für die Elite-Staffeln zu erhalten, fehl. Die technische Entwicklung wurde von der Kriegsmarine starrköpfig blockiert. Man begann jedoch in Großenbrode Versuche mit Bombenflugzeugen des Typs He 111. Nach einer Besprechung, die noch im selben Monat im Technischen Amt stattfand, wurde die Ernennung eines Sonderbeauftragten für die Entwicklung des Lufttorpedos gefordert, der die Ausbildung, die Herstellung und den Einsatz dieser Waffe überwachen sollte. Vier Wochen später wurde Oberstleutnant Martin Harlinghausen mit dieser Aufgabe betraut.

In Grosseto, südlich von Livorno, richtete man eine Torpedofliegerschule ein. In enger Zusammenarbeit mit den Italienern wurden Versuche durchgeführt, um die hierfür am besten geeigneten Flugzeuge zu finden. Auch die Ju 87, an der man außen eine Halterung für Torpedos angebracht hatte, wurde getestet, aber wegen der geringen Reichweite der Maschine gab man die Versuche mit dem Stuka sehr bald wieder auf. Statt dessen stellte man fest, daß die He 111 und die Ju 88 sich am besten für diese Aufgabe eigneten, da sie schnell waren, einen großen Aktionsradius besaßen und zwei Torpedos mitnehmen konnten. Als erster Verband wurde die I./K.G. 26 mit Torpedobombern vom Typ He 111 ausgestattet und nach Norwegen verlegt, um von hier aus alliierte Rußland-Konvois anzugreifen. Der Stuka wurde auf diesem Gebiet nicht mehr verwendet.

An dieser Stelle wollen wir noch einmal die verschiedenen Typen und Veränderungen an der Ju 87 betrachten, die es bis Kriegsende gegeben hat.

Die Verhältnisse an der russischen Front und die ungeheure Anzahl der starken sowjetischen Panzer vom Typ T 34 verursachten die meisten Veränderungen an der Ju 87. Dies waren auch die Gründe dafür, daß die Maschine auch weiter an der Front eingesetzt wurde. Zwar hatte sie sich bei der Unterstützung der eigenen Truppen im Erdkampf und im Einsatz gegen feindliche Panzer gut bewährt, aber die geringe Geschwindigkeit der Ju 87 war für die Piloten doch ein ziemliches Handicap.

Das in der Defensive befindliche Heer setzte einen hohen Prozentsatz seiner Kräfte zur Fliegerabwehr ein. Da die Russen mit jeder nur denkbaren Waffe auf deutsche Flugzeuge schossen, erlitt die Luftwaffe besonders bei den zur Erdkampfunterstützung eingesetzten Verbänden sehr hohe Verluste.

Hauptmann Rudel war nun einer der führenden Experten bei der Bekämpfung feindlicher Panzer und erfreute sich eines geradezu legendären Rufs. Aber nur wenige seiner Kameraden konnten es ihm gleichtun, denn es gehörte schon eine Spezialbegabung dazu, Panzer mit Bomben oder leichten Geschützen aus der Luft zu vernichten. Rudel war mit dem MG 151/20, mit dem die Ju 87 damals ausgerüstet war, nicht zufrieden. Das Technische Amt entwickelte schließlich einen Waffenbehälter für die Flak 18, eine 3,7-cm-Kanone, die Panzerabwehrgeschosse mit Leuchtspur verschoß und eine Mündungsgeschwindigkeit von etwa 690 m/sec entwickelte. Eine Ju 87 D-3 wurde umgebaut, um den Rückstoß dieser Waffen abfangen zu können, die unter den verstärkten Tragflächen beiderseits der Kanzel eingebaut wurden.

Versuche mit T 34-Panzern erwiesen, daß selbst dieser stark gepanzerte Kampfwagen den Treffern einer solchen Waffe nicht standhalten konnte, wenn sie von rückwärts oben erzielt wurden. Damit war die Ju 87 G-1 geboren. Man rüstete bei den St.G. 1, 2, 3 und 77 je eine 10. Staffel mit diesen Maschinen aus. Die Staffeln bestanden aus 12 Ju 87 G, den sogenannten ›Kanonenvögeln‹, die mit der 3,7-cm-Kanone ausgerüstet waren. Vier Maschinen waren mit Bomben bestückt und für die Bekämpfung von Flakstellungen gedacht. Die Waffenbehälter mit den Kanonen konnten abgenommen und durch Bomben ersetzt werden, wenn Einsätze gegen andere Ziele als Panzer geflogen wurden.

So waren die an der Ostfront eingesetzten Einheiten ausgerüstet.

Wenige Maschinen dieses Typs gingen aber auch nach Nordafrika und Frankreich. Das mit Kanonen bestückte Flugzeug war zwar etwas unhandlich, aber als Waffe ungeheuer wirkungsvoll. Rudel allein schoß damit mehr als 500 sowjetische Panzer und Tausende anderer Fahrzeuge ab und erhielt dafür als einziger Soldat der deutschen Wehrmacht die höchste Tapferkeitsauszeichnung, das Goldene Eichenlaub mit Schwertern und Brillanten zum Ritterkreuz des Eisernen Kreuzes — und von der Sowjetunion den Ehrentitel ›Volksfeind Nr. 1‹.

1942 hatte man beabsichtigt, die Produktion der Ju 87 einzuschränken und dafür ein anderes für die Unterstützung der Erdtruppen bestimmtes Flugzeug zu bauen. Zwei Maschinen sollten an die Stelle des Stuka treten, die Me 210 und die Hs 129. Aber beide Typen konnten die in sie gesetzten Erwartungen nicht erfüllen. Major Brücker, der als Fachmann für Erdkampfunterstützung galt, bezeichnete die Me 210 als das unzulänglichste Flugzeug, das Deutschland je gebaut habe. Die Maschine erreichte die Truppenverwendungsfähigkeit erst 1944, nachdem immer wieder Änderungen notwendig geworden waren.

Auch die Hs 129 konnte die erwarteten Leistungen nicht erreichen. Die französischen Gnome-Rhône-Motoren waren nicht stark genug und erwiesen sich als besonders empfindlich gegen Beschuß und Staub. Die Höchstgeschwindigkeit der Hs 129 lag nur um 30 km/h höher als die der Ju 87, die bereits in großen Stückzahlen vorhanden war. Nur eine einzige Gruppe mit 4 Staffeln Hs 129 (IV./S.G. 9) wurde in Dienst gestellt. Nach den mit diesen Maschinen gemachten Erfahrungen wurde Milch gebeten, die Produktion der Ju 87 zu erhöhen, um die Gefechtsstärken der fliegenden Verbände nicht absinken zu lassen.

Die letzte Variante des Stuka war die Ju 87 H. Das war eine Ju 87 D-1 ohne Armierung und Sturzflugbremsen und mit doppeltem Leitwerk. Die Maschine war zunächst als Schulmaschine gedacht. Die Seitenwände am rückwärtigen Teil der Kanzel waren aus Plexiglas, um dem Fluglehrer ein weiteres Gesichtsfeld zu geben.

Schließlich gab es noch einige Umbauten von Standardtypen, die neben der Typenbezeichnung mit einem U bezeichnet wurden. Das waren aber jeweils nur wenige Maschinen, manchmal sogar nur eine einzige; sie wurden nur zu dem Zweck gebaut, neue Ideen zu erproben. Die Ju 87 B erhielt z. B. einen Materialbehälter in Tragflächenform (›Dobbas‹ genannt) anstelle der Bombenlast. Darin sollten lebensnotwendige Versorgungsgüter zu eingeschlossenen Truppen gebracht werden. Die Ju 87 D wurde mit zwei auf den Tragflächen neben der Kanzel angebrachten Mannschaftstransportbehältern ausgestattet, um Verwundete zurückzubringen oder aus vom Feinde eingeschlossenen Kesseln ausfliegen zu können. Einige Ju 87 B-2/U 4 erhielten anstelle des Fahrgestells Schneekufen für Operationen in der Arktis. Aber die im Winter 1941/42 angestellten Versuche verliefen unbefriedigend; die Flugzeuge wurden wieder umgebaut.

Die in den Jahren 1944/45 immer stärker werdende feindliche Jagdabwehr verbot den Stuka-Einsatz bei Tageslicht, aber einige Verbände wurden mit sogenannten Flammenvernichtern ausgerüstet, welche die am Auspuff entstehende Flamme beim Nachtflug abdeckten. Über die Verwendung dieser Verbände im Rahmen der Nachtschlachtgruppen berichten wir im zwölften Kapitel.

Die Junkers Flugzeug- und Motorenwerke arbeiteten zwar an Plänen für einen Nachfolger des Stuka, aber dieser Entwurf kam nie über das Reißbrettstadium hinaus. Das war die in Dessau entwickelte Ju 187 (ursprünglich Ju 87 F) mit einziehbarem Fahrgestell, einem Jumo-Motor 213 A von 1750 PS und einem fernbetätigten B-Stand für automatische Waffen. Versuche mit einem Modell im Windkanal zeigten, daß keine wesentlichen Verbesserungen möglich waren. Die Maschine konnte höchstens 60 km/h schneller fliegen als die Ju 87 D. Nachdem man, angeregt durch die Hurrybombertypen der Alliierten, weiter an der Entwicklung des Jagdbombers gearbeitet hatte, ließ man dieses Projekt im Herbst 1943 schließlich fallen.

ELFTES KAPITEL

Die Verteidigung versteift sich

Nachdem die Deutschen ihre Stellung in dem fürchterlichen Winter 1941/42 im allgemeinen halten konnten, waren sie im April 1942 soweit, in Rußland wieder zur Offensive überzugehen. Angesichts der bisherigen hohen Verluste sollte diesmal der Angriff auf einen bestimmten Raum begrenzt bleiben und nicht an der ganzen Front losbrechen. Hitler war der Auffassung, das für die Sowjetunion wichtigste Gebiet sei die Ukraine, und mit ihrer Eroberung ließe sich auch die Versorgung des Reichs sicherstellen. Damit würde auch die Krim als Basis für sowjetische Angriffe gegen die rumänischen Ölfelder ausgeschaltet werden. Die Eroberung des Kaukasus und der südrussischen Ölfelder werde die Türken veranlassen, entweder auf der Seite Deutschlands in den Krieg einzutreten oder wenigstens wohlwollende Neutralität zu wahren.

Im April wurde deshalb das kampferprobte VIII. Fliegerkorps der Luftflotte 4 auf der Krim unterstellt. Insgesamt wurden hier 600 Flugzeuge zusammengezogen. Ihre erste Aufgabe war es, die Befestigungsanlagen von Sewastopol, das zugleich auch sowjetische Marinebasis war, zu zerschlagen.

Der Angriff begann mit starken Kräften am 2. Juni 1942. Bodentruppen und starke Bomberverbände beschossen und bombardierten die Befestigungsanlagen in rollendem Einsatz. Einige Bomber standen ohne Unterbrechung im Einsatz. So wurden durchschnittlich 600 Einsätze täglich geflogen. Am ersten Tage waren es sogar 700. Insgesamt fielen 2500 t Bomben auf die russische Festung.

Am 4. Juni begann der Infanterieangriff gegen die stärkste Festung der Welt. Trotz der massiven Bombenangriffe und der Beschießung mit 1300 schweren Geschützen dauerten die harten Kämpfe einen ganzen Monat. Erst dann ergab sich der letzte sowjetische Verteidiger und kam blinzelnd aus den Trümmern in das blendende Sonnenlicht heraus. Inzwischen hatte man weiter nördlich bei Kursk mit einem rus-

sischen Durchbruch gerechnet. Richthofens Stukaverbände wurden deshalb in aller Eile in das nördliche Operationsgebiet der Luftflotte 4 verlegt.
Ständige Angriffe sprengten die russischen Panzerkolonnen. In der ersten Juliwoche ging die deutsche 6. Armee zur Offensive gegen Woronesch vor. Mit Unterstützung der Schlachtflieger durchbrach die 24. Panzerdivision die sowjetischen Verteidigungsstellungen am Tim und stieß weiter gegen ihr Angriffsziel vor. Aber zum erstenmal gelang es mit der Blitzkriegtaktik nicht, die sowjetische Hauptarmee einzuschließen, die sich intakt über den Don zurückziehen konnte.
Dennoch rollte die deutsche Offensive den Don abwärts gegen die Wolga weiter. Auf dem Wege über Rostow zum weit entfernten Kaukasus mußte man überall den Eindruck gewinnen, daß nichts mehr den Ansturm der feldgrauen Massen der Wehrmacht aufhalten könne. Aber an der Wolgaschleife lag die Stadt Stalingrad. Hier ist der General Paulus und seine 6. Armee bei dem Versuch, die Stadt im Straßenkampf zu nehmen, steckengeblieben.
Das VIII. Fliegerkorps nahm an den harten Kämpfen um Stalingrad teil. Das Stukageschwader 2 flog vier und mehr Einsätze täglich gegen Punktziele in dem verzweifelten Versuch, den fanatischen Widerstand der Verteidiger zu brechen. Drei Monate wütete die Schlacht, während die Deutschen sich jeden Zollbreit Boden in den Trümmern der zerschossenen Häuser erkämpfen mußten. Rudel, der damals dem Immelmann-Geschwader angehörte, beschreibt die täglichen Einsätze gegen den in den Ruinen unsichtbaren Gegner:
»Auf unseren Luftbildern ist jedes Haus zu erkennen, jeder bekommt sein Ziel genau auf der Fotografie mit einem roten Pfeil eingezeichnet. Wir fliegen mit dem Luftbild in der Hand zum Angriff und keiner darf eine Bombe werfen, bevor er nicht sein Ziel und den genauen Standort der eigenen Truppe absolut erkannt hat. Wenn wir über dem westlichen Stadtteil fliegen, berührt uns die dort herrschende Ruhe und das fast alltägliche Treiben ganz merkwürdig. Einschließlich Zivilisten läuft alles so umher wie in der tiefsten Etappe. Der gesamte westliche Teil ist in eigener Hand, nur der kleine Stadtteil im Osten, zur Wolga hin, hat diese russischen Widerstandsnester und ist der Schauplatz schwerster Kämpfe. Die russische Flak stellt oft bereits nachmittags das Feuer ein. Die über Nacht herangeschleppte

Munition muß ihnen gegen diese Zeit wohl ausgegangen sein.«*
Hitler war besessen von der Idee, Stalingrad zu nehmen. Die deutschen Armeen durften nicht daran vorbeistoßen, sondern mußten die Stadt nach seinem Befehl Haus um Haus erobern. So verblutete sich die 6. Armee Division um Division. Jede aufgeriebene Division wurde durch eine neue ersetzt. Während die Deutschen ihre Reserven in dieses neue Verdun pumpten, massierten sich frische sowjetische Armeen an den Flanken. Am 19. November gingen die Russen zum Gegenangriff über. Im Norden der Stadt durchbrachen sie die schwachen rumänischen Verteidigungsstellungen. Die durch diese Bresche hereinströmenden und zur Zangenbewegung ausholenden Armeen konnte nichts mehr aufhalten.
Die Stuka flogen einen Einsatz nach dem anderen gegen den eingebrochenen Feind und die Massen von T 34 Panzern an. Sie konnten zwar zahlreiche Panzer abschießen, aber da keine eigenen Truppen mehr da waren, konnte die Stellung nicht gehalten werden. Alle Anstrengungen der Stuka waren umsonst. Die deutsche Infanterie hatte sich so an die Erfolge der Stuka gewöhnt, daß sie automatisch von ihnen erwartete, sie könnten jeden sowjetischen Panzerdurchbruch zum Halten bringen. Die Infanterie neigte deshalb auch dazu, sich von den sowjetischen Panzern überrollen zu lassen, weil sie glaubte, die Ju 87 würden sie hinter den Linien abschießen. Bei einem Durchbruch diesen Ausmaßes gab es jedoch nicht genügend Stuka, um alle Löcher zu stopfen, und Stalingrad wurde abgeschnitten.
Der Einschließungsring wurde immer enger. Der verzweifelte Versuch, die eingeschlossenen Truppen aus der Luft zu versorgen, mißlang. Die dabei eingesetzten Ju 52 und He 111 erlitten schwere Verluste. Das St.G. 2 operierte fast bis zum Schluß im Kessel, aber schließlich mußte man die letzten Flugzeuge aus dem Kessel herausverlegen. Am 31. Januar 1943 mußte Feldmarschall Paulus kapitulieren. Diese schwere deutsche Niederlage war nur das Vorspiel. Zusammen mit dem britischen Sieg in Ägypten und den Landungen in Nordafrika bezeichnete sie den Wendepunkt des Krieges. Von nun an mußten die Stuka, mit wenigen Ausnahmen, einen Defensivkrieg führen, sich ständig zurückziehen — manchmal Tag für Tag —, muß-

* Hans-Ulrich Rudel: ›Trotzdem‹. S. 60 f.

ten auf in aller Eile eingerichtete Feldflugplätze ausweichen. Oft geschah das ohne Deckung durch Bodentruppen oder Flak. Die Zahl der Feindflüge steigerte sich erneut, aber die Verluste, die durch Erschöpfung eintraten, waren höher als die durch Feindeinwirkung.
Dennoch erteilten die Stuka den sowjetischen Divisionen manche harte Lehre wie bei dem Massaker von Morosowskaja. Eine starke russische Panzerkolonne, die weit im Rücken der deutschen Truppen operierte, drohte die Stadt zu nehmen, in der die Deutschen eine große Versorgungsbasis eingerichtet hatten. Es gab keine Soldaten, die sich diesem massiven Vorstoß hätten entgegenstellen können. In letzter Minute gelang es dem Oberst Kühl mit einer großartigen organisatorischen Leistung, jeden verfügbaren Verband, darunter auch das unter dem Befehl des Oberstlt. Dr. Kupfer stehende St.G. 2, zum massiven Einsatz gegen diesen Gegner zusammenzubringen. Am Weihnachtstage überraschten die Flugzeuge die russischen Panzer in der offenen Steppe und brachten ihnen schwere Verluste bei. Dabei kämpften die Stuka mit besonderer Verbitterung, weil sie erfahren hatten, daß eine russische Kolonne ihren Feldflugplatz und ihr Bodenpersonal bei Tazinskaja überrollt hatte. Die Deutschen führten einen Gegenangriff und konnten den Feldflugplatz wieder zurückerobern. Dort fanden sie die Leichen ihrer Kameraden »völlig verstümmelt, mit ausgestochenen Augen und abgeschnittenen Ohren und Nasen«.
Im Februar kam der deutsche Rückzug zum Stehen. Es folgte ein Angriff mit begrenztem Ziel, um Kursk wieder in Besitz zu nehmen. Oberstleutnant Otto Weiss, der ehemalige Inspekteur der Schlachtflieger, übernahm den Befehl über die Sturzbomber und Schlachtflieger und vereinigte sie zu einem Angriffsverband. Die Ju 87 waren im Raum Stalino stationiert und bewiesen auch hier wieder ihren Wert. Am 15. März 1943 konnten deutsche Truppen Charkow wiedererobern. Auch Belgorod wurde genommen, aber dann geriet die Offensive ins Stocken. Kursk blieb in sowjetischer Hand.
Als die Front sich schließlich stabilisiert hatte, war um Kursk eine große sowjetische Frontausbuchtung entstanden. Im April und Mai führten die Deutschen dem Raum Kursk massive Panzerkräfte zu, in der Absicht, hier einen starken Zangenangriff zu führen, eine Operation, wie sie die Deutschen schon so oft erfolgreich durchgeführt hatten. Die in der Ausbuchtung stehenden sowjetischen Armeen sollten ein-

geschlossen werden. Für die Bekämpfung von Panzern wurden neue Schlachtfliegerstaffeln unter Hauptmann Bruno Meyer aufgestellt und ausgerüstet und sollten im Rahmen des VIII. Fliegerkorps eine Schlüsselrolle bei der Offensive übernehmen. Wieder waren die Stuka mit neuen Waffen dazu bestimmt, in klassischer Weise die feindlichen Verteidigungsstellungen zu zerschlagen, um den Weg für die Panzer und Schlachtgeschwader freizumachen. Aber das war nun keine neue Idee mehr. Die Russen kannten diese Methoden schon seit zwei Jahren und waren darauf vorbereitet. Wenn sich die Gelegenheit bot, wollten sie sie sogar selbst anwenden.

Am 5. Juli begann das ›Unternehmen Zitadelle‹. Dafür standen nicht weniger als 14 Gruppen Schlachtflieger zur Verfügung. Zu ihnen gehörten die neuen Schlachtflugzeuge Hs 129, Jagdbomber FW 190, und natürlich die Ju 87. Die in Orel stationierte III./St.G. 1 unter Hauptmann Lang, das St.G. 1 und das St.G. 2 setzten ihre Stuka sowohl in der bisher üblichen Weise als auch zu Feindflügen ein, bei denen sich die ›Kanonenvögel‹ mit 3,7-cm-Bordkanonen und andere Maschinen mit 500-Kilo-Bomben, Splitterbomben des Typs SD 2 und Waffenbehältern mit Maschinengewehren beteiligten.

Die Schlacht bei Kursk mit mehr als 1000 Panzern auf jeder Seite, die einander an einem riesigen Frontabschnitt bekämpften, war die größte Panzerschlacht der Geschichte. Immer wieder mußten die Stukaverbände eingreifen, denn sogar die ausgezeichneten ›Tiger‹-Panzer der deutschen Panzerdivisionen konnten mit den massenweise eingegrabenen T 34 und Stalin-Panzern, welche die russischen Verteidiger eingesetzt hatten, nicht allein fertigwerden.

Zur Abwehr gegen die Stuka hatten die Sowjets bei ihren Panzerabteilungen zahlreiche schwere und leichte Flak auf Selbstfahrlafetten eingesetzt. Entsprechend stiegen auch die Verluste unter den deutschen Schlachtfliegern. Die Russen waren von jeher Meister in der Tarnung gewesen. Dieser Umstand kam ihnen in dieser Schlacht besonders zugute. Die mit Bomben ausgerüsteten Sturzbomber sollten zunächst die beweglichen Flakwaffen finden und vernichten, ehe die mit Kanonen bestückten Maschinen zum Angriff gegen die Panzer starteten. Aber nach einiger Zeit paßten sich die sowjetischen Flakkanoniere dieser Taktik an und hielten ihr Feuer zurück, bis alle Flugzeuge im Einsatz waren.

Für die langsamen Stuka war es kein Vergnügen, ihre Einsätze zwischen sich gegenseitig bekämpfenden Panzern und Geschützen fliegen zu müssen. Der Luftraum zwischen den Fronten war ziemlich ›eisenhaltig‹. Es traten immer wieder Flugzeugverluste ein, die allein dadurch verursacht wurden. Die Lebenserwartung der Stukapiloten ging in der Schlacht bei Kursk rapide zurück, aber dennoch war die Wirkung der Schlachtflieger gegen die feindlichen Panzer erheblich.
Es stellte sich sehr bald heraus, daß die Deutschen sich mit der Offensive bei Kursk zuviel vorgenommen hatten. Trotz gewaltiger Verluste bei den Russen gelang es ihnen nicht, die sowjetischen Verteidigungsstellungen zu durchbrechen, ja die Russen fühlten sich sogar stark genug, an der Orelfront einen Gegenangriff zu führen. Wieder mußten die Stuka rasch von der einen Seite der Frontausbuchtung auf die andere verlegt werden, um die in der deutschen Front entstandenen Lücken zu schließen. Ende Juli sahen sich die deutschen Panzer sogar gezwungen, hinter ihre Bereitstellungsräume zurückzugehen. Die letzte große deutsche Offensive an der Ostfront war mißlungen.
Aber nicht nur im Osten wurden die Angriffe der deutschen Stuka immer erfolgreicher abgewehrt. Auch zur See hatte die Umbewaffnung der Kriegs- und Handelsschiffe zu einer Lage geführt, in der es für jeden Piloten äußerst schwierig wurde, größere Flottenverbände oder durch starke Kräfte verteidigte Geleitzüge anzugreifen. Nach der verspäteten Ausrüstung mit 2-cm-Oerlikon-Schnellfeuergeschützen verfügten nunmehr alle Kriegsschiffe vom Schlachtschiff abwärts über eine sehr starke Fliegerabwehr. Am wichtigsten war jedoch die 1943 erfolgte Einführung zahlreicher 4-cm-Boforsgeschütze, die einzeln, als Zwillings- oder als Vierlingsgeschütze montiert waren. Die von diesen Waffen verfeuerten Granaten waren groß genug, um ein angreifendes Flugzeug in der Luft zu zerreißen und den Torpedo- und Sturzbombern einen wirkungsvollen Feuerschirm entgegenzusetzen.
Nachdem der Feldzug in Tunesien zu Ende gegangen war, wurden die meisten deutschen Stuka aus dem Mittelmeerraum auf den Balkan verlegt, wo sie außerhalb der Reichweite alliierter Jagdflugzeuge operieren konnten. Die Italiener setzten sie aber auch jetzt noch in kleinen Verbänden ein, hatten dabei aber nur geringe Erfolge. Als die Alliierten im Juli 1943 auf Sizilien landeten, waren die meisten Feld-

flugplätze dort durch schwere Bombenangriffe und starke Regenfälle unbrauchbar geworden. Der einzige Erfolg, den die Stuka bei diesem Unternehmen noch erzielen konnten, war die Versenkung des amerikanischen Zerstörers ›Maddox‹.

Zum letztenmal bewährte sich der Stuka im Einsatz gegen Kriegsschiffe in dem auf die Invasion Italiens folgenden ägäischen Feldzug. Ende 1943 sah es aus, als sei die Uhr um zwei Jahre zurückgestellt worden und als werde die Schlacht um Kreta trotz aller bösen Erfahrungen, die man dort gemacht hatte, noch einmal wiederholt.

Die Schlacht um Kreta, bei der sich der Stuka so hervorragend bewährt hatte, war für die ganze Welt ein Schock gewesen, aber inzwischen hatte man diese Ereignisse analysiert und etwas daraus gelernt. Man hatte eingesehen, daß Kriegsschiffe über starke Flak verfügen müssen. Die meisten Schiffe waren verstärkt mit Fliegerabwehrwaffen ausgerüstet worden. Schon im August 1940 hatte es sich gezeigt, daß die wirksamste Abwehrwaffe gegen das Sturzkampfflugzeug in einem starken Jagdschutz besteht. 1941 hatte es so etwas nicht gegeben, aber 1943 waren die Alliierten im Mittelmeerraum sicher stark genug und verfügten über genügend Jäger, um eine Wiederholung der Katastrophe von Kreta zu vermeiden. Es schien undenkbar, daß sie sich wiederholen könnte — es geschah aber doch.

Die meisten alliierten Beobachter schienen sich darin einig zu sein, daß eine Bedrohung durch Stuka der Vergangenheit angehörte. Die Ju 87 war veraltet und taugte nichts mehr, wenn sich ihr eine organisierte und entschlossene Abwehr und moderne Waffen entgegenstellten. Die Furcht vor dieser Waffe gehörte der Vergangenheit an. Der Chef der britischen Fliegerabwehrverbände, Sir Frederick Pile, schrieb:

»Die Wirkung des Sturzbombers war in der Tat hauptsächlich eine moralische, und dagegen konnte man durch richtige Ausbildung etwas unternehmen. Beim Kommando der Fliegerabwehr hatten wir eine Sturzbomberschule, wohin wir alle Bedienungsmannschaften der leichten Flak schickten. Hier wurde ihr Selbstvertrauen soweit gestärkt, daß sie sich jedem Stuka der Welt gestellt hätten.«*

Im Herbst 1943 hatten die Alliierten nicht nur ihre Flakbatterien ver-

* General Sir Frederick Pile, ›Ack-Ack‹, Harrap, London.

mehrt, sondern im mittleren Mittelmeerraum operierten jetzt auch Tausende von alliierten Flugzeugen. Im Gegensatz dazu verfügten die Deutschen damals nur über etwa 1200 Flugzeuge aller Typen.

Als Italien im September 1943 kapitulierte, hatte das alliierte Oberkommando gehofft, diesen Umstand ausnutzen und die wichtige Insel Rhodos nehmen zu können, die man als Schlüssel zum Ägäischen Meer betrachtete. Nach detaillierten Planungen sollte das ›Unternehmen Accolade‹ beginnen, aber die Vorbereitungen für diese Invasion verzögerten sich durch die Operationen bei Salerno und Anzio und dann durch die Landungen in Südfrankreich. Statt dessen sollte ein weniger umfangreiches Unternehmen stattfinden, auf Schnelligkeit des Handelns und die verworrene Lage im September ausgerichtet. Es sollten einige kleinere Inseln im Ägäischen Meer genommen und gehalten werden.

Die Vorteile einer Beherrschung der Ägäis waren erheblich, denn von hier aus ließe sich nicht nur der Balkan bedrohen, auf den auch die russischen Operationen im Nordosten gerichtet waren: wenn man die Achsenstreitkräfte aus diesem Raum vertrieb, dann konnte man möglicherweise die Türkei zur Teilnahme am Kriege auf alliierter Seite bewegen. Das jedenfalls glaubte man.

Zu Anfang ging alles gut. Kommandotruppen nahmen mehrere Inseln wie Casteloriso, Kos, Leros, Samos und Stampalia. Wenn also die Alliierten entschlossen waren, sich im Ägäischen Meer festzusetzen, dann war Hitler ebenso entschlossen, sich nicht daraus vertreiben zu lassen. Er hatte schon immer behauptet, der Besitz dieser Inseln sei wichtig. Deshalb reagierte er schnell und mit starken Kräften auf das alliierte Vorgehen.

Vor der Kapitulation Italiens hatte die Luftwaffe in aller Eile am 8. September und am 3. Oktober mehr als 100 Flugzeuge von allen größeren Fronten nach Südosten verlegt, um die Kräfte auf diesem Kriegsschauplatz zu verstärken. Aus Frankreich kamen Ju-88-Verbände, aus Österreich Jagdflieger mit Bf 109, und aus Rußland wurden Stukaverbände herangeführt. Die St.G. 3 und St.G. 151 waren Anfang September eingetroffen und wurden sofort eingesetzt. Das St.G. 3 war zunächst auf dem griechischen Festland stationiert, wurde aber bald nach Rhodos verlegt, während das St.G. 151 von Kroatien aus operierte.

Auf diese Weise errangen die Deutschen durch eine Reihe rasch getroffener Maßnahmen die Luftüberlegenheit über dem ganzen Raum. Die ägäischen Inseln lagen außerhalb der Reichweite der Masse der alliierten Luftflotte im Nahen Osten, nur Langstreckenjäger konnten sie erreichen. Zwar griff die Marinefliegerstaffel 201 bei jeder Gelegenheit energisch in die Kämpfe ein, konnte aber das Kräfteverhältnis nicht wesentlich beeinflussen. Im Oktober stellte General Eisenhower kurze Zeit sechs Staffeln Langstreckenjäger vom Typ Lightning zur Verfügung, aber nachdem sie wieder herausgezogen worden waren, mußten die Truppen und Kriegsschiffe, welche sie unterstützt hatten, sich allein behelfen.

Die Deutschen machten sehr schnell klar, daß sie entschlossen waren, um den Besitz der Inseln zu kämpfen. Am 21. September flogen die Stukaverbände zahlreiche Einsätze zur Sicherung der Flanken Griechenlands. Sie unterstützten die deutschen Truppen bei der Einnahme der Insel Kephalonia an der Mündung des Golfs von Korinth und zerschlugen am 24. September Artilleriestellungen und Verteidigungsanlagen auf Korfu. Am nächsten Tage griffen sie Split an der jugoslawischen Küste an, brachen den feindlichen Widerstand sehr schnell und ermöglichten es den Erdtruppen, die Stadt rasch zu besetzen. Durch das energische Zuschlagen bewiesen die Stuka, daß sie in einer Hinsicht nichts von ihrem alten Wert verloren hatten. Diese Operationen hätten die Verteidiger von Leros warnen sollen. Man beschloß jedoch, die Insel trotz des damit verbundenen Risikos zu halten.

Nachdem die Flanken gesichert waren, verlegten die Deutschen ihre Stukaverbände sofort in das Haupteinsatzgebiet. Britische Zerstörerflottillen brachten in aller Eile Nachschub auf die Inseln und bekämpften auf dem Rückwege Geleitzüge der Achse, die ebenfalls Verstärkungen heranbrachten. Die Briten hatten in diesem Gebiet einige beachtliche Siege erfochten, aber sie erhielten jetzt einen Vorgeschmack auf die Zukunft, als ein Verband Ju 88 am 26. September die Zerstörer ›Intrepid‹ (brit.) und ›Vasilissa Olga‹ (griech.) im Hafen von Leros versenkte.

Am 12. September eroberten die Alliierten die Insel Rhodos im Kampf gegen eine zahlenmäßig überlegene italienische Besatzung. Sofort griff das ganze St.G. 3, begleitet von einem Verband Bf 109, die alliierten Stellungen an. Das machte klar, daß das ganze ägäische Seegebiet innerhalb ihrer Reichweite lag. Trotzdem dampfte ein Verband der britischen Flotte heran, zu dem auch der Zerstörer ›Eclipse‹ gehörte, und versenkte am 23. September vor Rhodos einen Frachter mit 2500 BRT. Das begleitende deutsche Torpedoboot ›TA 10‹ wurde getroffen und lief auf Grund.

Anfang Oktober waren die Deutschen soweit, den ersten ihrer brillanten Angriffe zu führen. Am 3. und 4. Oktober gingen sie gegen Kos vor. Von den 300 Einsätzen, welche die Luftwaffe zur Unterstützung dieser Operationen flog, wurde die Hälfte von Ju 87 durchgeführt. Britische Truppen leisteten den deutschen Angriffen hartnäckigen Widerstand. Die Italiener kämpften nicht. Die Insel konnte schnell genommen werden.

Jetzt war es klar, daß die Deutschen den nächsten Angriff gegen Leros führen würden. Man versuchte alles, um die britische Besatzung zu verstärken und das deutsche Unternehmen aufzuhalten. Obwohl der Luftraum jetzt völlig von der deutschen Luftwaffe beherrscht wurde, wagten sich kleine Schiffe des Royal Navy Levant Command — Zerstörer, Torpedoboote, Motorsegler und Motorboote — täglich mit Verstärkungen und Nachschub zur belagerten Insel. Um dem deutschen Aufmarsch zuvorzukommen, wurden die Zerstörerpatrouillen durch sechs mit starken Flakbatterien bestückte Kreuzer und weitere Geleitzerstörer der ›Hunt‹-Klasse verstärkt. Damit waren die Voraussetzungen für das letzte klassische Duell zwischen Kriegsschiffen und Sturzbombern gegeben. Nach allem hätte sich die Situation nun zugunsten der Flotte gewandelt haben müssen, aber das Gegenteil war der Fall.

In der Nacht vom 6. zum 7. Oktober errang ein britischer Verband, bestehend aus den leichten Kreuzern ›Sirius‹ und ›Penelope‹ und den Zerstörern ›Faulknor‹ und ›Fury‹, einen eindrucksvollen Erfolg, als er einen für Rhodos bestimmten Geleitzug der Achse angriff und vernichtete, der unter anderem auch Spezialisten an Bord hatte. Es wurden ein Munitionsschiff, ein bewaffneter Fischdampfer und sechs Prähme versenkt. Gegen Tagesanbruch nahm das britische Geschwader Kurs nach Süden, aber es war schon zu spät.

Im ersten Licht des Morgens starteten die Stuka des St.G. 3, begleitet von Ju 88. Bf 109 übernahmen den Jagdschutz. Die deutschen Flugzeuge sichteten die Kriegsschiffe, wie sie mit Kurs nach Süden durch die Straße von Scarpanto fuhren. Die Angriffe dauerten so lange, wie die Schiffe in Reichweite der Flugzeuge waren. Das Auftauchen von zwei amerikanischen Lightnings gab den Briten nur eine kurze Atempause. Die Stuka trafen die ›Penelope‹ mit einer 500-Kilo-Bombe und beschädigten sie so schwer, daß sich ihre Fahrt auf 23 Knoten verringerte. Das Schiff wurde jedoch gerettet, weil die Bombe nicht detoniert war.

Die britische Flotte ließ sich aber nicht davon abhalten, ihre Patrouillenfahrten in der folgenden Nacht fortzusetzen. Doch diesmal hatte sie dafür gesorgt, daß bei Morgengrauen ein starker Verband von Lightning-Maschinen den Jagdschutz übernahm. Als daher die Stuka die Schiffe am 9. Oktober um die Mittagszeit sichteten, mußten sie bei ihrem Angriff den starken Jagdschutz durchbrechen. Das St.G. 3 erlitt schwere Verluste; die Lightnings meldeten 15 und die Schiffsflak 3 Abschüsse. In Wirklichkeit hatten die Deutschen nur halb so viele Flugzeuge verloren und trotz des Einsatzes der Jagdflugzeuge vernichtende Treffer auf mehreren Kriegsschiffen erzielt.

Der Kreuzer ›Carlisle‹ (4290 ts) wurde am Heck von einer schweren Bombe getroffen, mußte stoppen und blieb bewegungsunfähig liegen. Der Zerstörer ›Panther‹ (1540 ts) wurde ebenfalls getroffen und sank sofort. Man unternahm alle möglichen Anstrengungen, um die ›Carlisle‹ zu retten, schließlich wurde sie von der ›Rockwood‹ in Schlepp genommen. Zwar konnte sie Alexandria noch erreichen, war aber doch so schwer beschädigt, daß es sich nicht mehr lohnte, sie zu reparieren.

Nachdem die amerikanischen Langstreckenjäger abgezogen worden waren, spielten die Kriegsschiffe den Rest des Monats noch Katze und Maus mit der Luftwaffe. Sie fuhren bei Nacht ihre Patrouillen und zogen sich dann in neutrale türkische Gewässer zurück oder liefen bei Tage entfernte Häfen an. Dennoch erlitten sie weitere schwere Verluste. Die Stuka beschädigten am 7. Oktober den Kreuzer ›Sirius‹, am 12. Oktober wurden zwei Motorboote, die ›ML. 563‹ und ›ML. 835‹, im Hafen von Leros versenkt.

Am 24. Oktober erzielten die deutschen Bomber einen bemerkenswerten Erfolg, als sie vor Samos das Versorgungsschiff ›Taganrog‹ versenkten und vier Tage später das große Landungsfahrzeug

›LCT 115‹ mit Artillerie und Truppen etwa 35 Meilen vor Castelrosso abfingen und versenkten. Am letzten Tage des Monats griffen sie den Kreuzer ›Aurora‹ und den Zerstörer ›Belvoir‹ auf offener See an, brachten beiden Schiffen Bombentreffer bei und beschädigten sie schwer.

Aber nicht nur die Kriegsschiffe waren die ständigen Ziele der deutschen Bombenangriffe. Auch Artilleriestellungen, Truppen- und Munitionslager wurden immer wieder von den Ju 87 und Ju 88 angegriffen, die durchschnittlich 60 Einsätze am Tage gegen Leros flogen. Am 12. November nahm die Zahl der Feindflüge allmählich zu, als der entscheidende Angriff gegen die Insel eingeleitet wurde. In den folgenden fünf Tagen wurden Artillerie- und Flakstellungen von allen möglichen Flugzeugen angegriffen: von Ju 87, Ju 88, Bf 109, Bf 110 und M. 202. Obwohl die Insel von starken Kräften verteidigt wurde, kam die Entscheidung in der Nacht des 13. November mit dem Absprung von 500 Fallschirmjägern aus Maschinen des Typs Ju 52 über Leros.

Diesmal hatten es die Zerstörer bei ihrem Versuch, die eigenen Truppen an Land zu unterstützen, mit einem noch stärkeren Gegner zu tun, denn im gleichen Monat war die II./K.G. 100 in Griechenland eingetroffen. Innerhalb von wenigen Tagen gelang es diesem Verband, die Geleitzerstörer ›Rockwood‹ und ›Dulverton‹ zu versenken.

Nach dem Fall von Leros gaben sich die Alliierten geschlagen und evakuierten die schwächeren Besatzungen der Inseln Samos und Syros. Ende November befand sich das Ägäische Meer fest in deutscher Hand. Dies ist der letzte Sieg der Stuka gewesen.

ZWÖLFTES KAPITEL

Duell bei Nacht

Der Mißerfolg der deutschen Truppen bei Kursk führte zu weitreichenden Änderungen im Aufbau der Schlachtfliegerverbände, die zum erstenmal als selbständige Verbände im Rahmen der Luftwaffe aufgestellt wurden. Nach dem Selbstmord des Generalstabschefs Jeschonnek kamen neue Ideen zum Zug. Dazu gehörte auch die Ernennung von Oberst Dr. Ernst Kupfer zum ersten General der Schlachtflieger, dessen Aufgabe es war, den Einsatz aller Schlachtflieger einschließlich der Stuka aufeinander abzustimmen. Eine solche Reform war längst überfällig. Die Flugzeugbesatzungen nahmen den Gedanken begeistert auf. Nach dem frühen Tod von Kupfer, der am 6. November 1943 bei einem Flugunfall ums Leben kam, wurde ein alter Stukamann, der Oberst Hubertus Hitschold, an seiner Stelle zum General der Schlachtflieger ernannt und übernahm diesen Posten im Dezember. Sein Aufgabengebiet umfaßte jedoch nur die Dienstaufsicht, die Verbindung zu anderen Waffengattungen und ähnliches, nicht aber den Einsatz selbst.

Unter seiner Führung lief die Produktion der Ju 87 aus, ihr Ersatz durch die Fw 190 wurde beschleunigt. Es standen genügend Maschinen des neuen Typs Fw 190 zur Verfügung, um die Schlachtgeschwader damit auszurüsten. Alle sechs Wochen wurden etwa zwei Gruppen mit den neuen Maschinen ausgestattet. Im Herbst 1944 gab es nur noch eine einzige Stukagruppe, die bei Tag eingesetzt wurde, und zwar die von Rudel geführte III./St.G. 2, aber auch dieser Verband mußte Anfang 1945 zum Teil für Nachteinsätze umgerüstet werden, denn im Oktober 1944 war die Fertigung der Ju 87 ausgelaufen.

In den Jahren 1943 und 1944 verschlechterte sich die Lage an der russischen Front für die Luftwaffe immer mehr. Am 23. August wurde Charkow durch die Rote Armee zurückerobert. Kiew fiel am 6. November, jedoch ein mit Unterstützung von Stuka erzielter örtlicher Erfolg konnte die Lage an der Front vorübergehend stabilisieren. Aber auch diese kurze Atempause kostete einen hohen Preis. Die III./St.G. 2 verlor die Oberleutnante Herling (7./2), Fritzsche und Krumminga (T.O.) in einer einzigen Woche über diesem Frontabschnitt. Alle drei Offiziere waren für ihre Einsätze als Schlachtflieger mit dem Ritterkreuz ausgezeichnet worden.

Durch die schweren Regenfälle während dieser Schlacht wurden die meisten Feldflugplätze der Schlachtfliegerverbände total aufgeweicht, die Flugzeuge blieben stecken. Um das zu verhindern, nahm man die Radverkleidungen ab, damit die Räder sich frei drehen konnten. Es kam dabei zu so großen Schwierigkeiten, daß man sich ernsthaft überlegte, ob man nicht das ganze Fahrgestell ändern sollte. Die Ju 87 D-5 wurde mit einem Fahrgestell ausgestattet, das im Notfall abgesprengt werden konnte; die Ju 87 F war ein Versuchsflugzeug mit übergroßen Ballonreifen, um die Schwierigkeiten auf diese Weise anzugehen. Aber dieser Typ ging nicht mehr in die Serienfertigung.

Die Sowjets hatten ihre Kräfte indessen neu gegliedert und die Offensive westlich von Kiew wieder aufgenommen. Das bedeutete, daß alle Schlachtflieger in aller Eile aus dem Raum am unteren Dnjepr herangezogen werden mußten. Starker feindlicher Druck und die außerordentlich ungünstigen Wetterverhältnisse zwangen die Deutschen an der ganzen Front zum Rückzug. Bereits kurz danach bedrohten die Russen Rumänien. Die Krim mußte geräumt werden. Überall an der Ostfront und in Italien waren die Deutschen 1944 auf dem Rückzug. Außerdem konnte man damit rechnen, daß die alliierte Invasion in Frankreich nicht mehr lange auf sich würde warten lassen. Damit gerieten die Deutschen in eine wenig beneidenswerte Lage.

Zwar wurde die Flugzeugproduktion in diesem Jahr nicht besonders beeinträchtigt, sondern konnte sogar noch gesteigert werden, aber der Mangel an Kraftstoff machte sich immer mehr bemerkbar und hinderte die Luftwaffe daran, sich die Luftüberlegenheit zu erkämpfen. Hitschold erwähnte später, dies sei der entscheidende Umstand gewesen und ihm zum erstenmal bewußt geworden, als er von November 1941 bis Juni 1942 Kommandeur der Stukaschule I in Wertheim war. Die Ausbildung verzögerte sich so sehr, daß ein normalerweise zwei Monate dauernder Ausbildungslehrgang auf fünf Monate kam. Nach Stalingrad, und noch später, war es der Mangel an Kraftstoff, der dazu führte, daß die Schlachtflieger nicht mehr wirksam genug gegen die russischen Offensiven im Januar eingesetzt werden konnten. Wenn auch die Ju 87 im Herbst 1944 in Mittel- und West-Europa bei Tage nicht mehr eingesetzt wurde, fand sie noch als Nachtbomber Verwendung und übernahm wichtige Aufgaben.

Die Aufstellung der Nachtschlachtgruppen soll dadurch angeregt worden sein, daß die Russen zu einer Zeit, als sie in der Luft unterlegen waren, das leichte Aufklärungsflugzeug U 2 erfolgreich einsetzten, um nachts Störangriffe über der Front zu fliegen. Im Herbst 1942 ging die Luftwaffe zur gleichen Taktik über und verwendete dabei die Maschinen der Typen Arado 66, Gotha 145 und Fieseler Storch, die in den sogenannten Störkampfstaffeln zusammengefaßt waren. Aber erst Ende 1943 wurden die Nachtschlachtgruppen aufgestellt.

Damals stellte der Befehlshaber der Luftflotte 2, Richthofen, Versuche mit dem italienischen Doppeldecker C.R. 42 als Nachtschlachtflugzeug an. Nach der Landung der Alliierten bei Nettuno im Januar forderte er eine Staffel Ju 87 an, an deren Verwendbarkeit Hitschold zwar zweifelte, da die Alliierten mit ihren Nachtjägern überlegen waren. Die Erfolge dieser Staffel führten jedoch zur Aufstellung der Nachtschlachtgruppe 9 und zur weiteren Verwendung von Nachtschlachtgruppen im Westen.

1944 wurden weitere Gruppen aufgestellt, deren Besatzungen aus den Störkampfstaffeln kamen oder aus Fw 190-Piloten, die als Stukapiloten nicht geeignet waren, sowie aus Piloten aufgelöster Bomberverbände und ehemaligen Fluglehrern bestanden. Die Einheitsführer stammten meist aus Bomberverbänden. Die Masse der Flugzeuge kam aus den Schlachtgeschwadern, die jetzt mit Maschinen vom Typ Fw 190 ausgestattet worden waren, und damit kamen genügend Ju 87 zusammen, um die Nachtschlachtgruppen 1, 2, 4, 8 und 9 aufzustellen. Die Nachtschlachtgruppen 3 und 5 waren mit Maschinen der Typen Ar 66 und Gotha 145 ausgestattet, während die Nachtschlachtgruppe 7 Flugzeuge des Typs C.R. 42 erhielt. Jede Gruppe bestand aus 60 Flugzeugen; das waren drei Staffeln zu je 20 Maschinen.

Die russische Dampfwalze war indessen weiter vorangekommen. Aber erst nachdem die Alliierten am 10. Juni in der Normandie festen Fuß gefaßt hatten, eröffneten die Sowjets die große Offensive im

Osten. Der erste Vorstoß richtete sich gegen die Finnen. In aller Eile wurde eine Stukagruppe von der Narwafront nach Finnland verlegt, um den Abwehrkampf des finnischen Verbündeten zu unterstützen. Die Offensive im Frontabschnitt Mitte begann am 23. Juni. Die Deutschen konnten den sowjetischen Vorstoß nicht mehr aufhalten. Am 3. Juli fiel Minsk.

Im Juli wurde die Masse der Schlachtgeschwader mit ständig abnehmenden Zahlen von Stuka in den Kessel geworfen, und es war unmöglich geworden, Reserven zu bilden. Das erste Angriffsziel der Deutschen aus dem Jahr 1941, Brest-Litowsk, fiel am 28. Juli. Im Süden richtete sich der russische Angriff gegen die Verteidigungsstellungen am Pruth. Die dort eingesetzten Rumänen zogen sich zurück. Nach dem rumänischen Staatsstreich wurden deutsche Verstärkungen einschließlich 40 Ju 87 von Estland nach Rumänien verlegt. Zwei Gruppen des St.G. 2 gingen nach Buzau, nördlich von Bukarest.

Die Piloten, die Tag und Nacht endlose Kolonnen von Panzern und Fahrzeugen bekämpften, mußten sehr bald erkennen, daß aus dem Rückzug eine regellose Flucht geworden war. Da ganze rumänische Truppenteile geschlossen desertierten, wurden zahlreiche deutsche Verbände, die ihre Stellungen noch hielten, abgeschnitten und eingeschlossen. Die III./St.G. 2 unter Rudel mußte in den letzten Augusttagen von einem Flugplatz zu Angriffen gegen sowjetische Panzer starten, der von rumänischen Truppen und Flakeinheiten eingeschlossen war, die schon zum Feind übergelaufen waren. Konstanza war gefallen; anschließend nahm der Gegner auch die Ölfelder von Ploesti in Besitz. Mit der Einnahme von Bukarest am 31. August 1944 wurden alle Luftwaffenverbände so schnell wie möglich nach Ungarn und Bulgarien verlegt. Die Bulgaren, die jetzt mit harten Kämpfen im eigenen Lande rechnen mußten, gingen zum Gegner über, als die russischen Panzerverbände sich näherten, und zwangen damit die Deutschen, sich in aller Eile abzusetzen.

Auch die Finnen im Norden kapitulierten, konnten aber bis dahin in harten Gefechten ihre Stellungen halten. Im Verlauf des Herbstes mußten die Deutschen eine Stellung nach der anderen aufgeben. Die dezimierten Schlachtfliegerverbände konnten am Ausgang der Kämpfe nichts mehr ändern. Die verbliebenen Stukageschwader wurden zu dem vergeblichen Versuch ins Gefecht geworfen, den sowjetischen

Vormarsch gegen Budapest aufzuhalten, aber am Jahresende war auch diese Stadt gefallen.

Vergleicht man die Gefechtsstärke der an der Ostfront eingesetzten fliegenden Verbände mit denen der im Juni zur Abwehr der Invasion verwendeten, dann zeigt es sich, wie stark der westliche Kriegsschauplatz von Kräften entblößt worden war. In Frankreich gab es noch 75, in Italien 50, an der Ostfront aber 550 Schlachtflieger. Die Masse der in Frankreich und Italien stationierten Flugzeuge gehörten den Nachtschlachtgruppen an.

Nach Meinung höherer deutscher Offiziere sind die Nachtschlachtverbände zu spät aufgestellt worden, denn die Flugzeugbesatzungen waren ungenügend ausgebildet, und eine wirksame Tagaufklärung gab es nicht mehr. Aber dies war selbstverständlich die einzige Art und Weise, auf welche die Stuka im Westen noch operieren konnten. Als Sonderunternehmen eines schon 1941 als veraltet bezeichneten Flugzeugs verdient der Einsatz der Nachtschlachtverbände als letzte Aufgabe der Ju 87 eine eingehende Würdigung.

Die Besatzungen der Nachtschlachtgruppe 1 wurden, nachdem der Verband an der russischen Front mit Maschinen der Typen Ar 66 und Gotha 145 gekämpft hatte, im April 1944 nach Kowno zurückgenommen, um hier neu mit Ju 87 ausgestattet zu werden. Im Mai ging die erste Staffel nach Stubendorf, während die 2. und 3. Staffel zur Blindflugausbildung beim S.G. 111 nach Groß Stein versetzt wurde. Das S.G. 111 hatte im Dezember 1943 die Aufgaben der Blindflugschule 11 übernommen, stand unter dem Kommando des Majors Kraus und bildete auch später alle übrigen Nachtschlachtgruppen aus.

Anfang Juni ging die Nachtschlachtgruppe 1 nach Wormditt, wo vier neue Besatzungen zu ihr stießen, und drei Tage später wurde sie nach Grieslingen verlegt, um hier im Verbandsflug und im Bombenabwurf ausgebildet zu werden. Ende Juni kehrte die Gruppe zum Einsatz an die lettische Front zurück. Etwa drei Monate später, Ende September, wurde sie nach Wormditt zurückverlegt, wo die Ju 87 mit den Funkgeräten 25 A und 16 Z ausgerüstet wurden. Die Bordfunker wurden hier an diesen Geräten eingewiesen.

Am 20. Oktober 1944 wurden die Flugzeuge und Besatzungen der drei Staffeln von Wormditt nach Bönninghardt-Süd verlegt, um sich hier auf den Einsatz an der Westfront vorzubereiten. Ende des Monats war die ganze Gruppe auf diesem Flugplatz versammelt. Die 1. und 3. Staffel der Nachtschlachtgruppe 2 waren inzwischen in Wahn stationiert, während die Nachtschlachtgruppen 3 und 4 in Ungarn und die Nachtschlachtgruppe 5 in Italien eingesetzt waren.

Anfang November verfügte die Nachtschlachtgruppe 1 über 15 Flugzeuge in drei Staffeln. Die Kriegsstärke jeder Staffel betrug eigentlich 15 Maschinen. Der Unterschied erklärt sich daraus, daß mehrere Flugzeuge und Besatzungen in Wormditt geblieben waren, während andere noch in Störmede lagen, wo sie auf dem Wege von Ostpreußen nach Bönninghardt-Süd aufgehalten worden waren. Drei Besatzungen waren außerdem bald nach ihrem Eintreffen an die Nachtschlachtgruppe 2 abgegeben worden.

Alle Flugzeuge der Gruppe waren Maschinen vom Typ Ju 87 D-5, ausgerüstet mit dem Funkgerät 25 A (einem Freund-Feind-Kennungsgerät), und sie sollten nach dem ›Egon-System‹ eingesetzt werden.* Die meisten Besatzungen verfügten über reiche Erfahrungen im Einsatz an der Ostfront und im Mittelmeerraum, die meisten Piloten kamen aus ehemaligen Stukaverbänden. Das waren in der Hauptsache Männer, die sich nicht für die Umschulung auf Jagdflugzeuge eigneten. Die 1. und die 3. Staffel der Nachtschlachtgruppe 2 in Wahn verfügten je über die volle Kriegsstärke von 15 Flugzeugen. Sie waren für ihre Sonderaufgabe mit Maschinen vom Typ Ju 87 D-5 ausgestattet.

Zum Schutz des Piloten war die Kanzel nicht nur mit dem üblichen 4 cm dicken Plexiglas abgedeckt, sondern zusätzlich mit 10 mm starken Panzerplatten unter dem Sitz und den Beinen ausgerüstet. Sie sollten vor feindlichem Beschuß schützen, der von unten kam. Rücken, Schultern und Kopf waren durch Panzerplatten gegen Beschuß von rückwärts geschützt. Auch der Funker war unter dem Sitz und den Beinen gegen Feuer von unten geschützt; an dem MG befanden sich verstellbare Schilde zum Schutz der Hände. Außerdem waren seitlich

* Das ›Egon-System‹ war ein Funkleitsystem, mit dem die Flugzeuge bei Nacht von Bodenstationen aus durch Funk dirigiert wurden. Die Nachtschlachtgruppen in Westeuropa verfügten zu diesem Zeweck über einen beweglichen Sender.

bis in Kniehöhe Panzerplatten angebracht. Alle Reparaturarbeiten an den Maschinen der Nachtschlachtverbände im westlichen Kampfgebiet wurden in Köln-Ostheim durchgeführt.

Die Nachtschlachtgruppen wurden (in der Reihenfolge der Priorität) vor allem gegen feindliche Truppen in Bereitstellung, gegen Artilleriestellungen, Panzer, Fahrzeugversammlungen und Nachschubwege eingesetzt und wandten dabei folgende Taktik an: Die Besatzungen erhielten jedesmal ein bestimmtes Angriffsziel zugewiesen und durften sich ihre Ziele nicht selbst aussuchen. Zu Tieffliegerangriffen wurden sie nicht eingesetzt.

Gelegentlich erhielten sie bei den Vorbesprechungen ein Alternativziel; manchmal erlaubte man ihnen für den Fall, daß sie das zugewiesene Ziel nicht finden oder nicht angreifen konnten, ihre Bomben über einer beliebigen feindlichen Truppenansammlung abzuwerfen.

Je nach der Art des anzugreifenden Zieles wurden die Flugzeuge mit hochexplosiven Bomben, Splitterbomben oder Brandbomben ausgerüstet. Bei ganz seltenen Gelegenheiten nahmen sie 1500-kg- oder sogar 1800-kg-Bomben mit.

Die Nachtschlachtverbände hielten enge Verbindung mit dem Fliegerverbindungsoffizier bei den deutschen Erdtruppen. Oft wurden die Einsätze in kürzester Frist durch diesen Offizier abgerufen. Vor jedem Einsatz wurden die Flakverbände und die Erdtruppen in dem Gebiet verständigt, wo der Einsatz stattfand. Normalerweise wurden die Nachtflüge bei einer Wolkendecke von mindestens $^{4}/_{10}$ und einer Sichtweite von wenigstens 3 km angesetzt. Drei Tage vor Vollmond bis drei Tage danach setzte man mit den Nachtflügen aus.

Bei den Einsatzbesprechungen wurde der Frontverlauf genau angegeben. Dabei mußten die Besatzungen diese Angaben wiederholen, um sicherzugehen, daß sie sie richtig verstanden hatten. Man mag darin die leichte Sorge Hitlers um seine Infanterie erblicken, die, wie er wußte, in außerordentlich harten Kämpfen stand, während er der Auffassung war, die Luftwaffe führe ein im Vergleich dazu sehr angenehmes Leben.

Die Ju 87 starteten einzeln in bestimmten Zeitabständen von einer bis zu fünf Minuten und flogen selbständig zu den jeweils angegebenen Zielen. Zunächst flogen die Maschinen in einer Höhe von etwa 300 Metern, um vor Erreichen der feindlichen Linien hochzuziehen und sie in 1000 bis 2000 Meter Höhe zu überfliegen. Man hielt den Bombenabwurf in dieser Höhe für am günstigsten, weil die Splitterbomben dabei so weit gestreut wurden, daß sie die beste Wirkung gegen feindliche Truppenansammlungen erzielten. Nach dem Bombenabwurf gingen die Maschinen wieder bis auf 200 oder 300 Meter hinunter und hielten sich auf dem Rückflug zum Einsatzflughafen in dieser Höhe. Die Geschwindigkeiten der Stuka bei diesen Einsätzen waren die folgenden:

Auf dem Flug zum Angriff in Höhen von etwa 300 Metern 250—260 km/h.

Auf dem Flug zum Angriff nach Erreichen der Höhe für den Bombenabwurf 260—270 km/h.

Auf dem Rückflug in niedriger Flughöhe etwa 270 km/h.

Es wurde allein nach Koppelkurs geflogen. Dabei verwendete man Leuchtbomben, Scheinwerfer und in Flugrichtung abgeschossene Flakleuchtspurmunition als Navigationshilfen. Leuchtbomben wurden oft zur Markierung der Ziele verwendet. Sie wurden von einzelnen Flugzeugen des Verbandes abgeworfen, und zwar vom ersten und dritten an dem betreffenden Unternehmen beteiligten Flugzeug. Gewöhnlich waren es Fallschirmleuchtbomben, die aus etwa 800 bis 1000 Meter Höhe abgeworfen wurden. Es kamen weiße und orangefarbene Leuchtbomben zur Anwendung. Die Flugzeuge, welche die Leuchtbomben abwarfen, flogen oft nach dem Prinzip, eine bestimmte Zeit lang eine gegebene Richtung von einem bestimmten Punkt aus einzuhalten. Die Maschinen hatten keine elektrischen Höhenmesser.

Der Inspekteur der Nachtschlachtverbände an der Westfront war Major von Mopösch. Die Gruppenkommandeure der Nachtschlachtgruppe 1 und 2 waren Hauptmann Wilberg und Major Müller. Beide Gruppen operierten mit großem Erfolg und erlitten verhältnismäßig geringe Verluste. Die niedrige Geschwindigkeit der Ju 87 erschwerte es den alliierten Nachtjägern, sie anzugreifen, und die Verluste durch Flakfeuer in der Nacht waren nicht hoch.

Die größte Gefahr bildeten besonders befähigte Nachtjäger. Besonders die über der Front operierenden Mosquitostaffeln schossen eine ganze Reihe der nachts über alliiertem Frontgebiet eingesetzten Stuka ab. Ein Mosquito-Nachtjäger der 219. Squadron konnte am 2. Oktober im Raum Nimwegen drei Ju 87 abschießen.

Und doch kostete diese Einsatzmethode viel weniger Verluste als Feindflüge bei Tage in dem jetzt von den Alliierten beherrschten Luftraum. Die Schlachtfliegerverbände wurden mit Fw 190-Maschinen, die 1000-Kilo-Bomben tragen konnten, verstärkt und erzielten in dieser letzten Phase ihres Kampfes noch gute Erfolge, wenn sie ihre Einsätze in mondlosen Nächten flogen.

Ein für diese Operationen typischer Einsatz war der des Unteroffiziers Kurt Griese, der mit dem Unteroffizier Walter Hein als Funker und MG-Schütze in der Ju 87 D-5 einer Nachtschlachtgruppe in der Nacht vom 29. zum 30. Oktober 1944 Ziele im Raum Eindhoven bekämpfte.

An diesem Unternehmen nahmen 12 oder 13 Stuka teil. Das waren alle Maschinen, die von der 1., 2. und 3. Staffel der Nachtschlachtgruppe I noch übriggeblieben waren. Die Besatzungen wurden angewiesen, alliierte Truppen anzugreifen, die in einem Wald bei Weert, 40 Kilometer südostwärts von Eindhoven, gemeldet worden waren. Das Ziel sollte mit orangefarbenen Leuchtbomben markiert werden, nachdem Flak-Leuchtspurmunition beim Anflug die Richtung auf das Angriffsziel erkenntlich machen sollte.

Der Verband sollte die Flugzeuge ab 3.30 Uhr in kurzen Abständen einzeln starten lassen, die dann selbständig auf einem Kurs von 270° fliegen sollten, bis sie die Markierungsleuchtbomben sahen. Dieses Unternehmen war das zweite von zwei fast gleichartigen in der Nacht vom 29. zum 30. Oktober, nachdem dieselben Besatzungen um 18.00 Uhr zum erstenmal gestartet waren.

Die Stuka, die jeweils einen Abwurfbehälter mit 250 Kilo und vier mit 50 Kilo mitnahmen, die mit 1-kg-Splitterbomben gefüllt waren, starteten auf dem Flugplatz Bönninghardt-Süd und flogen in etwa 1000 Meter Höhe direkt nach Westen. Nachdem sie die Markierungsleuchtbomben und die Leuchtspurmunition der Flak gesichtet hatten, lösten sie die Bomben über dem Angriffsziel aus.

Dann nahm Griese wieder Kurs auf den Heimatflughafen, aber schon beim Wenden stellte er fest, daß sein Kompaß ausgefallen war. Er mußte daher blind fliegen. Nachdem der Kraftstoff verbraucht war, machte er etwa 30 Kilometer ostwärts von Eindhofen eine Notlandung. Er und sein Funker wurden von britischen Truppen gefangengenommen.

Zwei Einsätze pro Nacht waren für die Stukabesatzungen das Normale. Wenn die Lage es dringend erforderte, flogen sie sogar bis zu fünf Einsätze in einer einzigen Nacht. Die Anstrengung war ungeheuer groß, aber die 70 alten Stuka mußten gegenüber der gewaltigen Überlegenheit britischer und amerikanischer Luftstreitkräfte das tun, was eigentlich 700 Maschinen hätten leisten sollen, und selbst ein so starker Verband wäre dem Gegner noch unterlegen gewesen.

Während die Alliierten von Osten und Westen immer näher an deutsches Gebiet heranrückten, verkleinerte sich der Luftraum, in dem die immer schwächer werdenden Stukaverbände noch operieren konnten. Sie kämpften jetzt schon gleichzeitig an beiden Fronten. Ihre Einsätze richteten sich danach, wieviele Piloten und Maschinen noch zur Verfügung standen. Aber sie kämpften weiter.

Während des alliierten Vorstoßes gegen Aachen und zwei Wochen vor der Eroberung dieser Stadt durch den Gegner waren die Stuka der Nachtschlachtgruppen ständig im Einsatz und flogen allnächtlich durchschnittlich fünfzig Einsätze, bei denen sich ihnen starke Mosquitoverbände entgegenstellten. Als die amerikanische 3. Armee ihre Offensive von Süden her begann, wurden die etwa 40 noch einsatzfähigen Ju 87 an diesen Frontabschnitt verlegt. Der verzweifelte deutsche Versuch, das Kriegsglück in der Ardennenoffensive noch einmal zu wenden, und der große Angriff am 1. Januar 1945 brachte den Schlachtfliegern wiederum schwere Verluste und führte doch zu nichts.

Eine ähnliche Offensive in Ungarn brachte kein besseres Ergebnis. In diesem Raum standen den Deutschen noch etwa 600 Schlachtflieger zur Verfügung. Ein Drittel davon waren Maschinen des Typs Ju 87. Aber die Verluste stiegen, und die sowjetischen Luftstreitkräfte beherrschten nun den Luftraum über der Ostfront ebenso wie die RAF und die USAAF im Westen.

Vor dem Zusammenbruch wurden noch einmal etwa 100 Stuka zusammengezogen, um den Alliierten den Übergang über den Rhein zu verwehren. 50 wurden in der Nacht vom 23. zum 24. März 1945 bei der Nachtschlachtgruppe im Raum Oppenheim eingesetzt. Durch den Mangel an Kraftstoff konnte aber nur die Hälfte des Verbandes starten. Im April standen die letzten Überlebenden in Süddeutschland.

Bei der Kapitulation am 8. Mai fanden die Amerikaner zahlreiche noch einsatzbereite oder beschädigte Sturzbomber verlassen bei München. Rudel flog mit dem Rest seines Geschwaders ›Immelmann‹ aus dem von den Sowjets beherrschten Gebiet heraus und ergab sich bei Kitzingen mit seiner Gruppe ungeschlagen den Amerikanern. Das war eine letzte stolze Geste.

Damit endete die Geschichte des Stuka. Zur Zeit ihrer großen Erfolge vom Gegner gefürchtet und gehaßt, nach der Luftschlacht um England geschmäht, hat sich die Ju 87 mit ihrer eigenartigen Form und ihren an Möwenflügel erinnernden Tragflächen in der Geschichte des Zweiten Weltkrieges einen ganz besonderen Platz errungen. Die alliierte Propaganda hat den Stuka im Kriege oft als Terrorwaffe bezeichnet. Obwohl das sicher zum Teil deshalb geschah, weil man die durch seine Erfolge erzeugte Furcht zerstreuen wollte, besteht dieser Eindruck oft heute noch.

War der Stuka eine siegreiche Angriffswaffe oder die hilflose Beute feindlicher Jäger? Wie auch das abschließende Urteil ausfallen mag, es läßt sich nicht leugnen, daß die Maschine zu den hervorragendsten Bombenflugzeugen jener Zeit zählt. Sie läßt sich schwer mit anderen Typen vergleichen, denn sie war einzig in ihrer Art. Nur die Douglas Dauntless hat wohl als Sturzbomber ähnliches geleistet.

Wenn ich jedoch den Wert und Charakter dieses Flugzeugs beurteilen sollte, dann würde ich es mit dem Skalpell eines Chirurgen vergleichen. Der Stuka war in der Lage, sich aus der Masse unwichtiger Ziele die wichtigsten herauszusuchen und anzugreifen. Im Vergleich mit ihm waren die viermotorigen Bombenflugzeuge der Alliierten die eigentliche Terrorwaffe. Sie zerschmetterten wie Schmiedehämmer riesige Stadtgebiete und ihre Bewohner mit ihren Bombenteppichen, um damit die gleichen militärischen Erfolge zu erzielen. Wer kann sagen, welche der beiden Waffen der anderen überlegen war?

ANHANG

Technische Daten

	Ju 87 A-1	Ju 87 B-1	Ju 87 R-2	Ju 87 D-1
Motor:	Jumo 210 Ca	Jumo 221 Da	Jumo 211 D/H	Jumo 211 J
PS:	640	1200	1200	1420
Spannweite:	13,8 m	13,8 m	13,8 m	13,8 m
Länge:	10,8 m	11,0 m	11,0 m	11,5 m
Höhe:	4,16 m	4,24 m	4,24 m	4,24 m
Tragflächenoberfläche:	31,9 m²	32 m²	32 m²	32 m²
Leergewicht:	2315 kg	2760 kg	3055 kg	3730—3870 kg
Gewicht beladen:	3400 kg	4250 kg	5605 kg	5750—6600 kg
Höchstgeschwindigkeit:	320 km/h	380 km/h	330 km/h	410 km/h
Reisegeschwindigkeit:	290 km/h	340 km/h	X	340 km/h
Landegeschwindigkeit:	108 km/h	110 km/h	110 km/h	110 km/h
Steiggeschwindigkeit bis 1000 Meter:	3,1 min	2 min	2 min	2 min
Steiggeschwindigkeit bis 3000 Meter:	23 min	12 min	X	X
Höchste Flughöhe:	7000 m	8100 m	8100 m	8100 m
Reichweite:	500 km	800 km	1255 km	830 km

Verbände der Luftwaffe

1. *Luftflotte*

Die Luftflotten 1 bis 6 waren bestimmten Kriegsschauplätzen zugeteilt. Ihre Stärke war nicht festgelegt und konnte zwischen etwa 200 und 1500 Flugzeuge betragen.

2. *Fliegerkorps*

Die Fliegerkorps I, II, IV, V, VIII, IX und X operierten entweder im Rahmen einer Luftflotte oder selbständig (wie z. B. das X. Fliegerkorps). Sie bestanden aus allen Flugzeugtypen und waren 150 bis 800 Flugzeuge stark.

3. *Geschwader*

Der größte Verband mit einer bestimmten Kriegsstärke von 90 Flugzeugen, die in drei Gruppen und einen Stab eingeteilt waren. Abkürzung zum Beispiel: St.G. 1.

4. *Gruppe*

Die Gruppe bestand normalerweise aus 27 in drei Staffeln aufgeteilten Flugzeugen und einem Stab. Abkürzung für II. Gruppe des Stukageschwaders 1 = II./St.G. 1.

5. *Staffel*

Die Staffel bestand aus neun Flugzeugen. Eine Gruppe bestand normalerweise aus drei Staffeln, aber in Rußland kam später eine vierte Staffel zur Bekämpfung von Panzern dazu.

Bildteil

Junkers K 47/A 48 – der Großvater des Stuka

Bombenaufhängung an der K 47

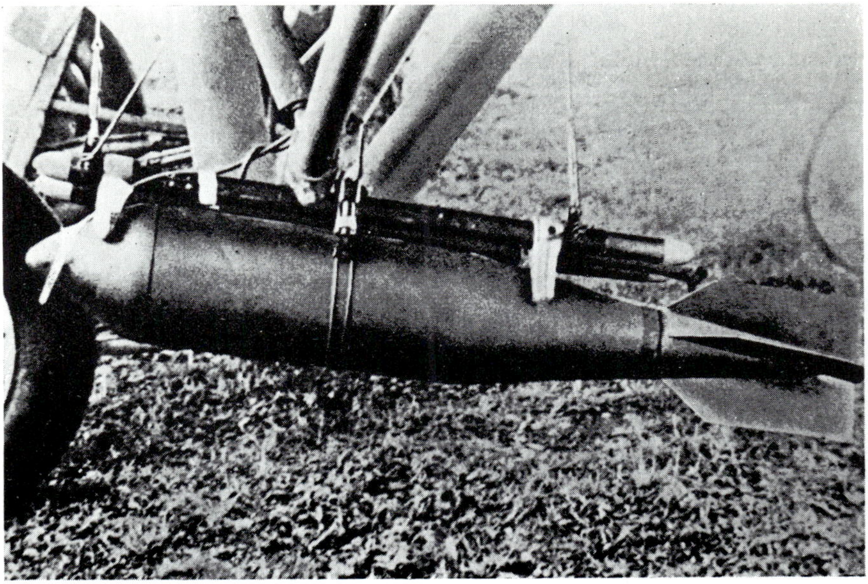

K 47 mit eingehängter Bombe

Der Konstrukteur der Ju 87, Dipl.-Ing. Hermann Pohlmann, der bereits an der Entwicklung der K 47 beteiligt war, mit Junkers-Technikern

Junkers Ju 87 V-1

Ju 87 V-3 (D-UKYQ)

Ju 87 V-1 mit Rolls Royce ›Kestrel V‹ (640 PS)

Ju 87 V-4 (D-UBIP), Prototyp der A-Serie

Generaloberst Ernst Udet (1896–1941), erfolgreichster überlebender Jagdflieger des Ersten Weltkrieges, danach als Kunstflieger und im Flugzeugbau (Udet-Flugzeugbau GmbH) tätig. Aufgrund eigener Erfahrung trug Udet wesentlich zur Einführung von Sturzbombern in der deutschen Luftwaffe bei.

Frühes Serienmuster der JU 87 B

Ju 87 A-1 (D-IEAU) der 1. /St.G. 162 ›Immelmann‹

Ju 87 A-1 wurde in den Verbänden schon vor Kriegsausbruch durch Ju 87 B ersetzt, flog im Krieg in Schulverbänden und später noch in Nachtschlachtverbänden.

Generalfeldmarschall Wolfram Frhr. von Richthofen (1895–1945) sprach sich zunächst gegen den Sturzkampfbomber aus. Fälschlich wird ihm nachgesagt, er habe als Leiter der Entwicklungsabteilung des Technischen Amtes die Stuka-Entwicklung im Juni 1936 abbrechen lassen. Bereits im Dezember 1936 wurden die ersten Ju 87 A in Spanien eingesetzt. Von Richthofen führte 1939–1942 das hauptsächlich mit Ju 87 ausgerüstete VIII. Fliegerkorps, das einzige Nahkampfkorps der Luftwaffe, das sehr große Erfolge erzielte.

Staffel von Ju 87 A ►

Stuka-Serienbau in Dessau ▼

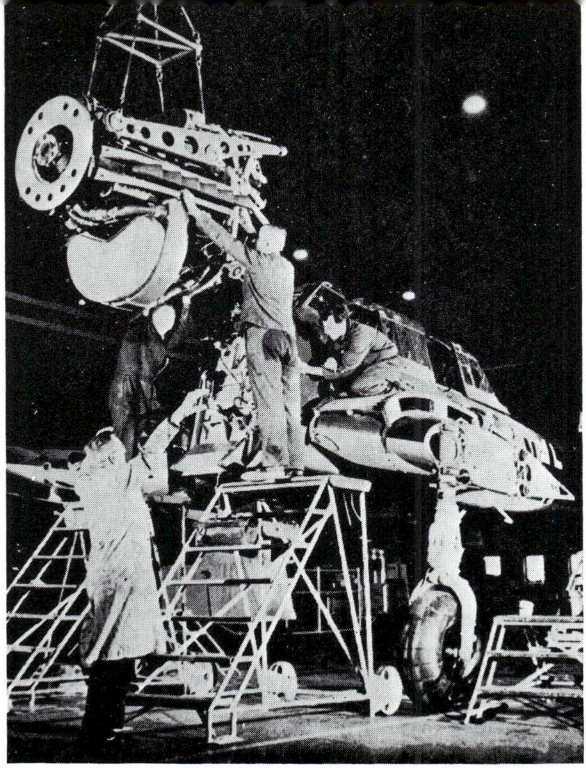

Serienproduktion in Dessau: Einbau des Triebwerks

Zusammensetzen der Rumpfschalen der Ju 87

Anbringen der Motorverkleidung

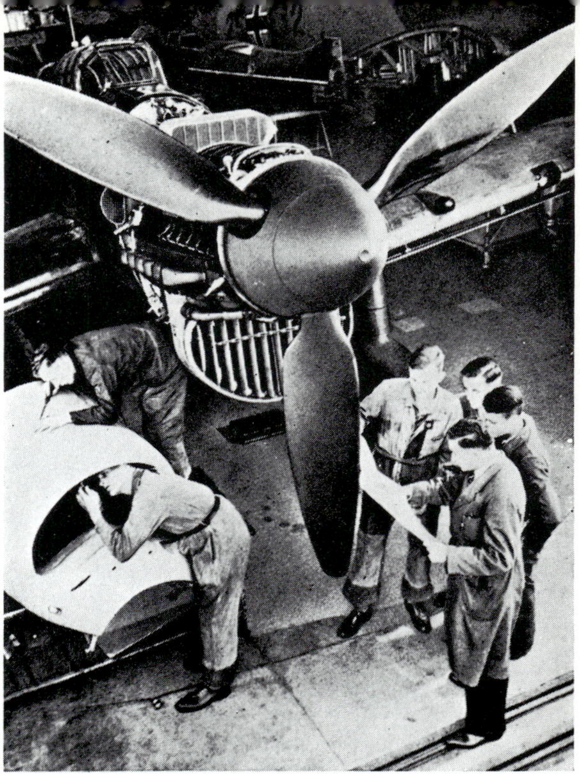

Triebwerkseinbau

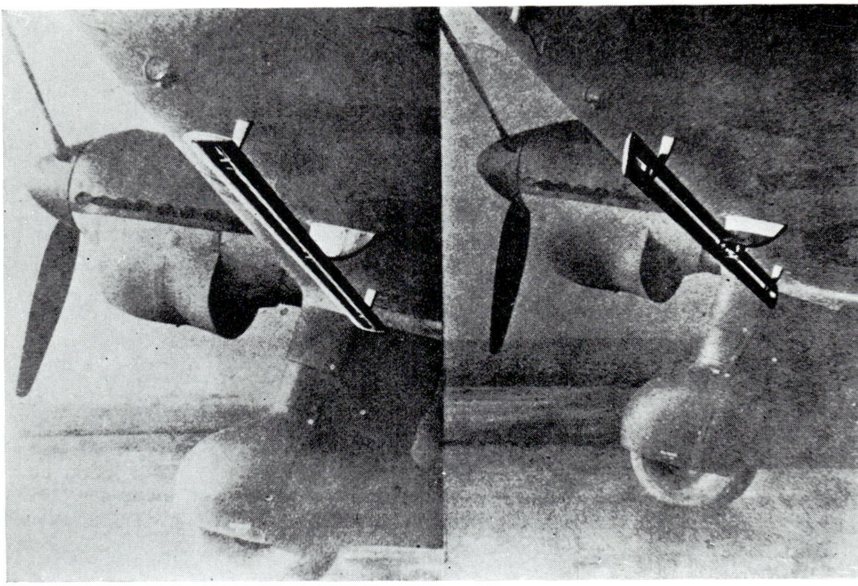

Sturzflugbremse der Ju 87: links in Normalstellung, rechts ausgefahren.

Ju 87 A-1 im Tarnanstrich von 1937

Ju 87 B in der Endmontage

Abnahmebereite neue Ju 87 B

Ju 87 B der ›Legion Condor‹ im spanischen Bürgerkrieg

Ju 87 A der ›Legion Condor‹ mit spanischen Hoheitsabzeichen und dem ›Jolanthe‹-Abzeichen an der Fahrwerksverkleidung.

Kette von Ju 87 A des St.G. 163 startet von einem spanischen Flugplatz.

Ju 87 B ersetzen bald die Ju 87 A der ›Legion Condor‹

Ju 87 A-1 der ›Jolanthe-Kette‹ in Spanien.

Oberst Walter Sigel († 8. 8. 1944), als Hauptmann Kommandeur der I./St.G. 76, die am 15. August 1939 bei Neuhammer 13 Stukas bei einer Übung durch plötzlich auftretenden Bodennebel verlor.

Im Polenfeldzug zeigte sich die durchschlagende Wirkung von Sturzbombern, die mit Panzerverbänden zusammenarbeiteten.

Instrumentenbrett der Ju 87 B-1

Ju 87 B

Serienmuster Ju 87 B-0 mit ausgefahrener Sturzflugbremse

Angesichts der nur geringen gegnerischen Jagdabwehr erwiesen sich die Stukas im Polenfeldzug als außerordentlich wirkungsvolles Kampfmittel.

Durch Stukas zerstörter polnischer Panzerzug.

Blick vom Heckschützensitz nach vorn während des Sturzfluges.

Hauptmann Bruno Dilley (1913–1968), zuletzt Oberstleutnant der Bundeswehr, flog als Oberleutnant und Führer der 3./St.G. 1 den ersten Angriff im Polenfeldzug.

Startwagen

Stuka wird mit einer 500-kg- und vier 50-kg-Bomben beladen (Polenfeldzug 1939)

Durch polnische Flak stark beschädigte Ju 87 B

Ju 87 nach einem Flakvolltreffer über dem Flugplatz Luqa/Malta. Das getroffene Flugzeug konnte nach Sizilien zurückfliegen.

Ju 87 konnten auch von primitiven Plätzen aus starten.

Wartungsarbeiten am Triebwerk (Jumo 211)

Motorwechsel

Das Foto zeigt das Flugzeug, das 1939 beim Angriff auf die Westernplatte bei Danzig so tief stürzte, daß es die Wasseroberfläche berührte und das Fahrwerk verlor.

Ju 87 R mit Zusatztank (Reichweitenbehälter).

Britisches Werkstattschiff VINDICITIVE (ehem. Kreuzer) im Bombenhagel vor Harstad/Norwegen (4. 6. 40)

Britische 4-cm-Flak (Bofors) sichert Reede von Namsos/ Norwegen (April 1940)

Britisches Flak-Kanonenboot BITTERN nach Bombentreffer am 30. 4. 1940 vor Namsos.

Ju 87 B der I./St.G. 1 wird mit Bomben beladen. Start erfolgte von einem zugefrorenen See (Norwegen, April 1940).

Flächen-ETC mit zwei 50-kg-Bomben. Sturzflugbremse in Normalstellung.

Im Frankreichfeldzug wechselten die Stuka-Verbände fast täglich ihre Flugplätze, um den rasch vorrückenden Panzerdivisionen folgen zu können.

Ruhepause zwischen den Einsätzen. (I./St.G. 1 in Stavanger-Sola / Norwegen, April 1940).

Günstige Wartungsbedingungen der Ju 87 ermöglichten den Stuka-Gruppen eine hohe Einsatzbereitschaft.

Motor wird mit Handkurbel angelassen.

1000-kg-Bombe, links Spezialwagen, mit denen die Bomben bis unter das Flugzeug gebracht wurden.

Fertigmachen zum Start

Nach Ausschaltung der alliierten Jäger konnten die Ju 87-Gruppen fast ungehindert operieren. (Westfeldzug Mai/Juni 1940).

Die Ju 87 B war die Standardausrüstung aller Stuka-Gruppen in der ersten Kriegsphase. (oben)

Die I./St.G. 2 ›Immelmann‹ führte während des ganzen Krieges als Gruppenabzeichen den Scotch-Terrier. (unten)

Alarmstart. Szene aus dem Film ›Stukas‹ von Prof. Ritter. (linke Seite oben)

Ju 87 B des 4./St.G. 2 ›Immelmann‹. (linke Seite unten)

Major Clemens Graf Schönborn († 30. 8. 1944 als Oberst) führte das St.G. 77 im Westfeldzug, in der Luftschlacht um England und an der Ostfront.

In Polen und Frankreich erwies sich die Flak als größere Gefahr für die Ju 87 als die gegnerischen Jäger.

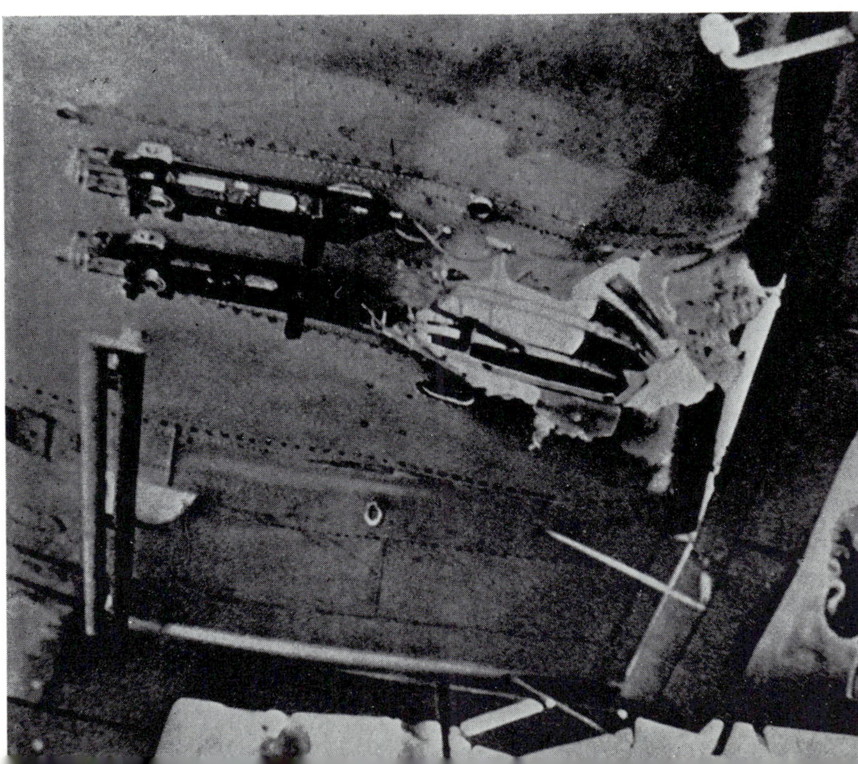

Dünkirchen Mai 1940: Der Einsatz der Stuka-Gruppen über dem Einschiffungshafen der britischen Expeditionsarmee brachte schwere Schiffsverluste, dann aber behinderte schlechtes Wetter die Operationen. Insgesamt waren die Luftangriffe zu schwach, um den Abtransport der Briten zu verhindern.

Britische Zerstörer vor der Hafeneinfahrt nach Dünkirchen.

Flächentreffer durch Flak (Polenfeldzug 1939)

Staffelkapitän meldet Gruppenkommandeur seine angetretenen Besatzungen.

Im Juli und August 1940 erzielten Stuka-Verbände große Erfolge bei Angriffen auf britische Küsten-Konvois im Kanal.

Zwei Ju 87 greifen britisches Feuerschiff im Kanal an.

In der Eröffnungsphase der Luftschlacht um England trafen die Ju 87 erstmals auf starke Abwehr und erlitten schwere Verluste.

Bruchgelandete Ju 87 B der 3./St.G. 2 in England. Die Flugzeuge trugen das Wappen ihrer Patenstadt Breslau.

Ju 87 B-2 der 4./St.G. 77 (Herbst 1940 in Frankreich).

Maschine von Major Alfons Orthofer, Kommodore St.G. 77 an der Ostfront (†12. 10. 1942).

Ju 87 B der Stuka-Schule Tours.

Mit dem Auftreten des deutschen X. Fliegerkorps im Mittelmeer brach 1941 für die britische Mittelmeerflotte eine harte Zeit an. Angriff der I./St.G. 1 und II./St.G. 2 auf den britischen Flugzeugträger ILLUSTRIOUS am 10. Januar 1941

Bombeneinschlag im gepanzerten Flugdeck der ILLUSTRIOUS

Während der Träger in La Valetta/Malta behelfsmäßig repariert wurde, versuchten die Stuka-Gruppen, ihn völlig zu zerstören.

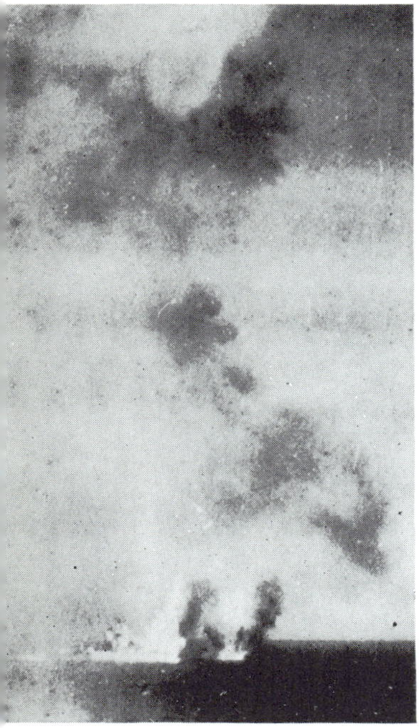

◀ Einschlag einer 500-kg-Bombe auf dem Schlachtschiff WARSPITE, Flaggschiff des OB der britischen Mittelmeerflotte Admiral Cunningham.

Flakstand auf WARSPITE nach Bombentreffer. ▲

An dem kurzen Balkanfeldzug 1941 hatten die Stukas erneut wesentlichen Anteil.

Major Walter Enneccerus (1911–1971, zuletzt Brigadegeneral der Bundeswehr) führte die II./St.G. 2 bei ihren erfolgreichen Angriffen auf die Flugzeugträger ILLUSTRIOUS und FORMIDABLE und der Versenkung des Kreuzers SOUTHAMPTON 1941.

Hauptmann Werner Hozzel (Brigadegeneral a. D) führte die I./St.G. 1 beim Angriff auf die ILLUSTRIOUS und meldete die Versenkung von 60 000 BRT Handelsschiffraum.

Stuka über Belgrad. (rechts)

Ju 87 B über dem Struma-Tal.

Ju 87 R über Griechenland, April 1941

Ju 87 R während des Balkanfeldzuges 1941.

Stuka-Angriff auf den Hafen von Piräus.

Ju 87 D

Ausschlaggebend für den Ausgang der Schlacht um die Insel Kreta waren die Erfolge der Stukas gegen die britische Mittelmeerflotte im Mai 1941.

Britische Schiffe in der Suda-Bucht nach einem Luftangriff (vor der deutschen Luftlandung am 20. Mai 1941.

Versenkung des britischen Kreuzers GLOUCESTER am 22. 5. 1941 nördlich Kreta.

Unter den Verbänden, die über Kreta eingesetzt waren, befand sich auch die 3./St.G. 2.

Auch im Krieg gegen Rußland ab 22. Juni 1941 konnten die Stukas in enger Zusammenarbeit mit den Panzerverbänden wieder große Anfangserfolge erzielen.

Ju 87 D wird mit 500-kg-Bombe beladen.

Stuka-Staffel über verschneitem Gelände in Südrußland.

Auf einem Feldflugplatz in Rußland.

Vom 21. bis 24. 9. 1941 griffen die I. und III./St.G. 2 mehrfach die sowjetische Ostseeflotte in der Bucht von Kronstadt an. Dabei zerstörte eine 1000-kg-Bombe, die Oberleutnant Rudel geworfen hatte, das Vorschiff des Schlachtschiffes MARAT.

Anfang 1942 befahl Feldmarschall Kesselring die Ausschaltung Maltas als Flottenbasis. Bei zahlreichen Luftangriffen wurden zahlreiche britische Schiffe zerstört oder zum Verlassen der Insel gezwungen.

Britischer Zerstörer KINGSTON nach Bombentreffer im Dock in La Valetta/Malta. Mußte nach schwerer Beschädigung am 11. 4. 1942 abgewrackt werden.

Stuka über Malta.

Ju 87 B Trop. des Fliegerführers Afrika im Anflug auf britische Stellungen.

Kommandeur einer in Afrika eingesetzen Stuka-Gruppe.

Stuka über der Cyrenaica-Küste

Ju 87 D der 3./St.G. 1

Start gegen Tobruk, Juni 1942.

Im Juni 1942 trugen Stukas der Luftflotte 4 wesentlich zur Niederkämpfung der sowjetischen Festung Sewastopol bei. ▶

◀ Flugzeugträger GRAF ZEPPELIN nach Stapellauf am 8. 12. 1938. Der Träger wurde nie vollendet und sank schließlich, überladen mit Beute-Gut, 1947 in der Ostsee beim Versuch der Sowjets, das Schiff nach Leningrad zu schleppen.

30,5 cm-Doppelturm der Festung ›Maxim Gorki‹/Sewastopol durch Stuka-Angriff außer Gefecht gesetzt. (links unten)

Ju 87 D des St.G. 1 ▼

Ju 87 D-7 mit MIG 151 (20 mm)

Vorderansicht der Ju 87 D

Ju 87 D-1

Ju 87 D-1 im Wintereinsatz in Rußland.

300

Ju 87 D-1 mit 300-Liter-Zusatzbehältern. (links oben)

II./St.G. 77 in der Sowjetunion. Pilot feiert 300. Einsatzflug. (links unten)

Ju 87 D der 4./St.G. 77 mit demontierter Fahrwerkverkleidung über einer Brücke bei Dnepropetrovsk. (ganz oben)

Ju 87 B der II./St.G. 77 mit 50-kg-Bomben, ausgestattet mit Dinort-Stab (verlängerter Aufschlagzünder).

Eine andere Ju 87 B mit 5C 50-kg-Bomben mit ›Dinort-Stab‹

1942 erreichte die See-Luft-Schlacht im Mittelmeer ihren Höhepunkt mit dem hartumkämpften Malta-Konvoi ›Pedestal‹. Am 12. August wurde er von zahlreichen deutschen und italienischen Flugzeugen angegriffen.

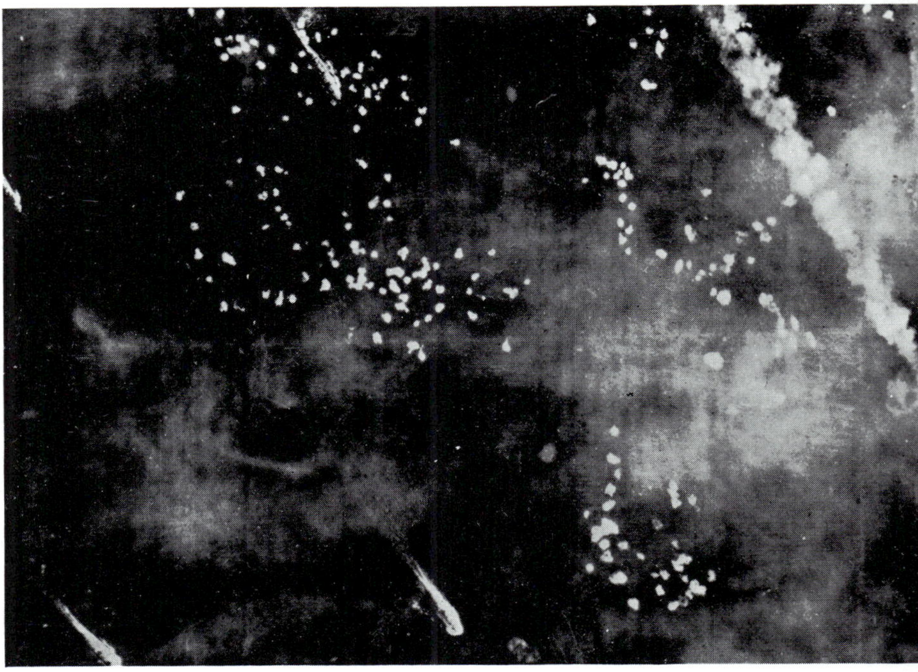

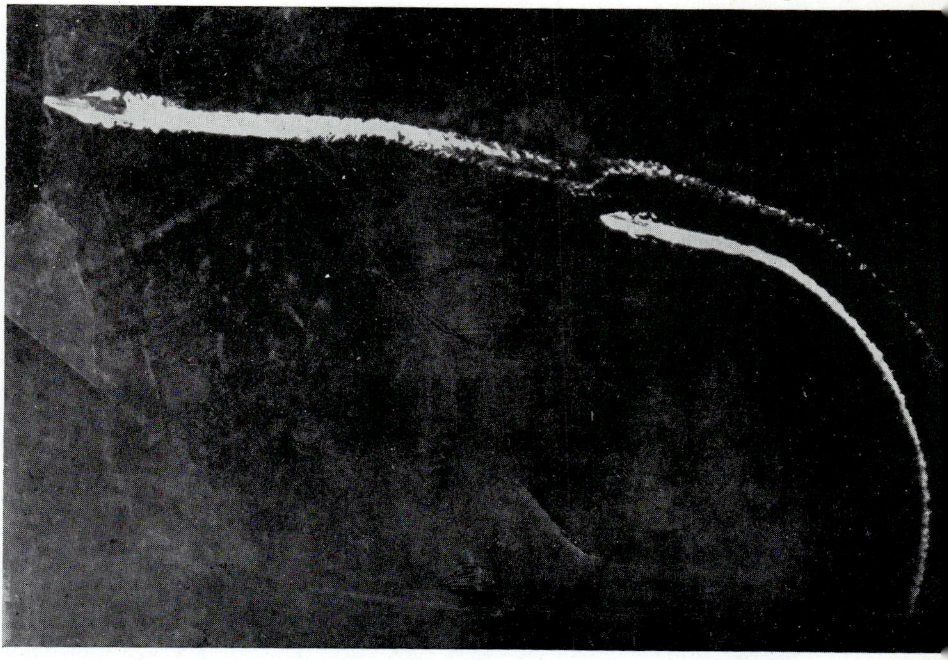

Operation ›Pedestal‹: Britischer Flugzeugträger INDOMITABLE im Bombenhagel. Er erhielt drei schwere Treffer durch Ju 87 des St.G. 3.

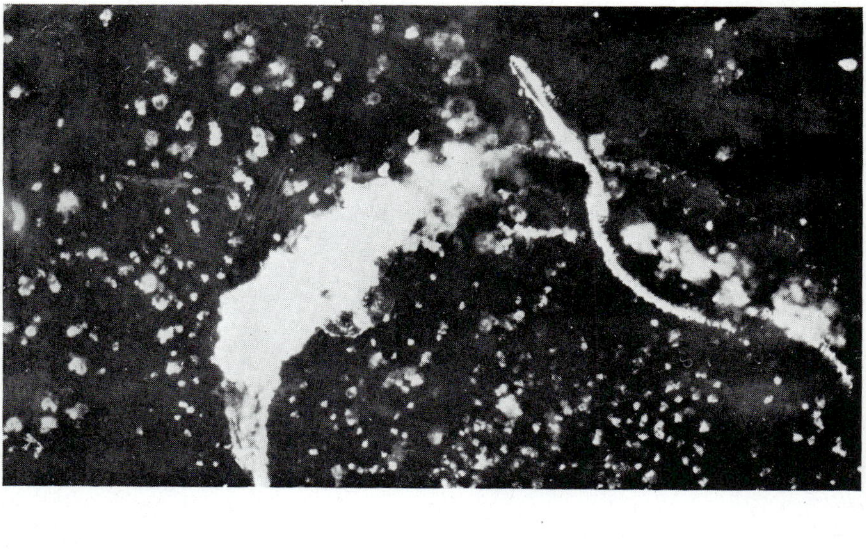

Operation ›Pedestal‹: INDOMITABLE und Kreuzer PHOEBE

INDOMITABLE von der I./St.G. 3 angegriffen.

Oberst Dr. Ernst Kupfer, Kommodore St.G. 2 mit dem traditionellen Jolanthe-Maskottchen nach dem 400. Feindflug. Kupfer wurde der erste ›Waffengeneral der Schlachtflieger‹ (†6. 11. 1943 bei Flugunfall).

7,9 mm Flächen-MG (MG 17) der Ju 87 B

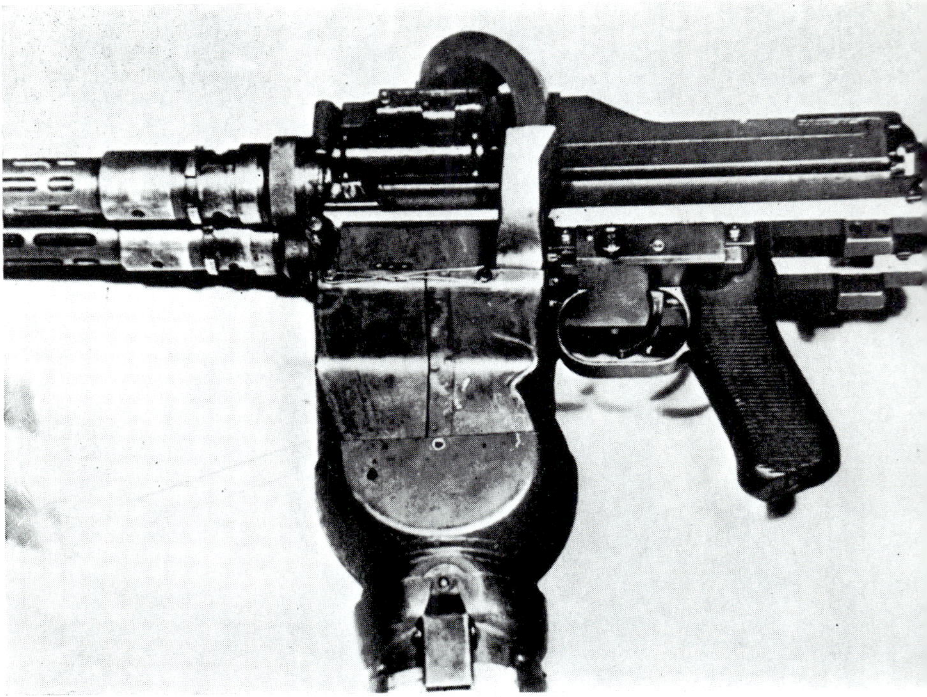

Doppel-MG 81 Z des Heckschützen der Ju 87 D

Ju 87 D des St.G. 3 in Tunesien, gesichert durch italienische Jäger vom Typ Macchi C. 200

Winter in Rußland

Angriffsformation (Ju 87 D)

Ju 87 D im Anflug auf sowjetische Stellungen

Ju 87 D mit versuchsweise angebrachten Kabinen für Personentransport auf den Tragflächen.

Ju 87 B-2/U 4, Sonderausführung mit Schneekufen auf dem Flugplatz Orscha.

Hauptmann Friedrich Lang (hier noch als Oblt.) führte die III./St.G. 1 während der Kursk-Offensive im Juli 1943.

Ju 87 D mit Flügel-Gondeln (siehe Bild S. 227)

4./St.G. 77 in Krimskaja am 9. 3. 1942

▲ Ju 87 G-1 Panzerjäger mit zwei 3,7 cm Pak

◄ Ju 87 B des St.G. 2 ›Immelmann‹

Oberst Hans-Ulrich Rudel (Mitte), zuletzt Kommodore St.G. 2, schoß über 500 sowjetische Panzer und Panzerfahrzeuge ab.

B
B 2

B
B

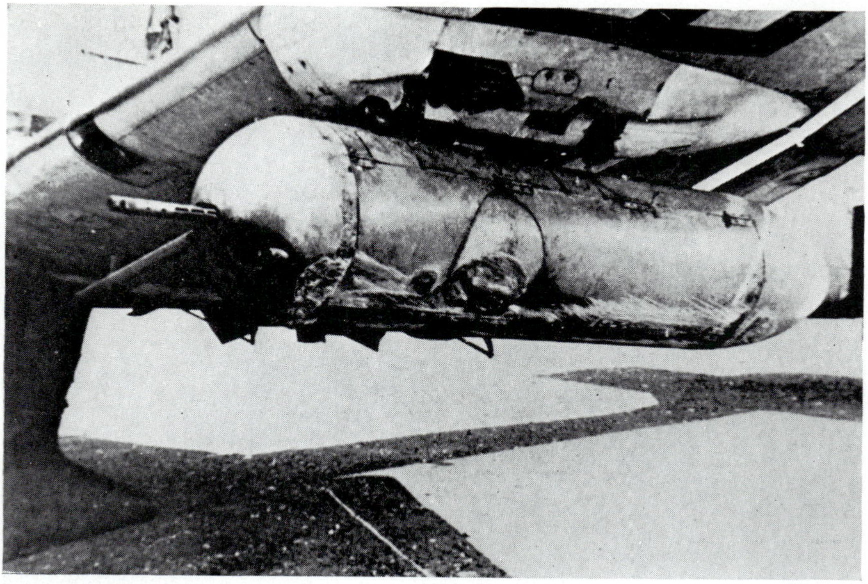

Waffenbehälter WB 81 mit vier MG 81 für Einsatz der Ju 87 als Schlachtflugzeug

Ju 87 G-1 mit 3,7 cm Pak ›Kanonenvogel‹ (10./St.G. 1)

Verkleidung der 3,7 cm Pak der Ju 87 G-1

S
J.38757

Ju 87 als Schleppflugzeug für Lastensegler ▶

◀ Ju 87 D-4 mit Lufttorpedo. (Versuchsflugzeug Bau-Nr. 2292)

Ju 87 mit ›Dobbas‹
◀ (Transportbehälter)

Ju 87 nach Tragschlepp von He 111 gestartet ▼

Ju 87 D einer Nachtschlacht-Gruppe mit Tarnanstrich

Windkanal-Modell einer Ju 187.

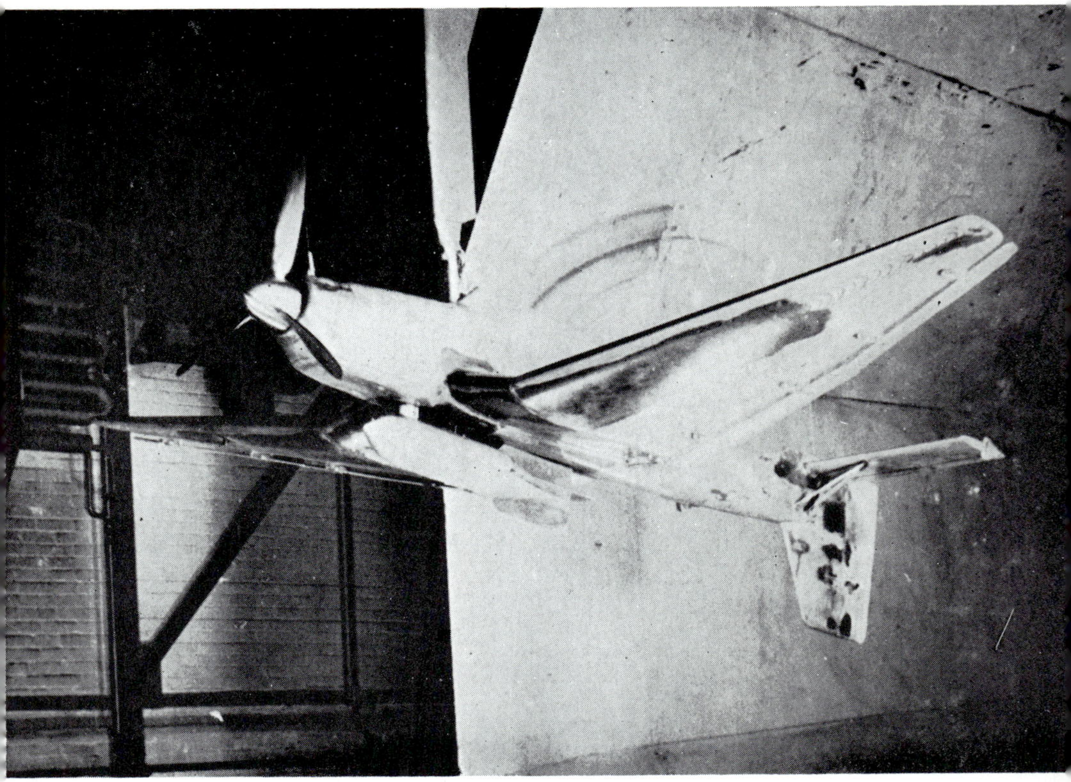